景观设计基础

Fundamentals of Landscape Design

李宇宏　编著

中国教育出版传媒集团
高等教育出版社·北京

内容简介

《景观设计基础》在内容结构上从理论探索到设计实践应用共分8个部分，包括景观设计思潮、景观物质要素、景观的空间组织、景观的时间体验、景观的艺术设计、景观设计程序、景观设计的未来及景观设计经典案例几个专题，并将相关的知识点系统地整合起来，形成景观设计基础教学的基本知识体系。本书还配有二维码资源，辅助解读重点、难点，为高校相关专业师生提供教学参考。

本书内容涵盖较广，理论联系实际，专业性和实用性强，可作为普通高等院校、专科学校等的环境设计、风景园林、建筑学、城乡规划等相关专业的教材，还可为从事相关专业的技术人员及管理者提供参考。本书为“中国人民大学‘十四五’规划教材”。

图书在版编目（CIP）数据

景观设计基础 / 李宇宏编著. -- 北京 : 高等教育出版社，2024. 12. -- ISBN 978-7-04-063076-3

Ⅰ. TU983

中国国家版本馆CIP数据核字第2024NU0862号

JING GUAN SHE JI JI CHU

策划编辑 梁存收　　责任编辑 梁存收　　封面设计 张志奇　　责任绘图 马天驰

版式设计 马　云　　责任校对 窦丽娜　　责任印制 耿　轩

出版发行 高等教育出版社

社　　址 北京市西城区德外大街4号

邮政编码 100120

印　　刷 鸿博昊天科技有限公司

开　　本 787 mm× 1092 mm　1/16

印　　张 15.5

字　　数 310千字

购书热线 010-58581118

咨询电话 400-810-0598

网　　址 http://www.hep.edu.cn

http://www.hep.com.cn

网上订购 http://www.hepmall.com.cn

http://www.hepmall.com

http://www.hepmall.cn

版　　次 2024年12月第1版

印　　次 2024年12月第1次印刷

定　　价 52.00元

物 料 号 63076-00

目　录

绪　论

景观设计基础是风景园林设计、环境设计、建筑设计、城乡规划等专业的基础课程，通过景观设计思潮、景观物质要素、景观的空间组织、景观的时间体验、景观的艺术设计、景观设计程序、景观设计的未来及景观设计经典案例等八个专题构建了景观设计基础的知识体系，为高校相关专业景观系列课程建设提供思路和参考。绪论部分介绍了景观设计所涉及的相关概念及相关学科专业，梳理归纳了景观资源的分类，明确了景观设计的价值，提出了景观设计的基本原则，归纳出景观设计的基本方法，使读者从宏观上对景观设计基础有一定的认识。

第一节 | 概念解读

一、景观及相关概念

1. 景观

景观（Landscape）在西方最早见于《圣经》旧约中，用于描述绮丽景象，表达视觉美学意义。18世纪英国学派的设计师将“景观”与“造园”关联起来。19世纪以后，不同学科对“景观”有不同的阐释，包括地理、生态、生物、物理、绘画等。德国地理学家洪堡（Alexander Von Humboldt，1769—1859）将景观一词引入地理学中。1938年德国生物地理学家卡尔·特罗尔（Carl Troll）提出了景观生态学概念。《牛津英语词典》（1933）解释景观首先为自然风景，与风景（Scenery）同义或近义。《朗文当代高级英语词典》解释景观为风景、景致、景色。《中国大百科全书·地理学》（1990）解释景观为：①某一区域的综合特征，包括自然、经济、文化诸方面；②一般自然综合体；③区域单位等。《现代汉语词典》（2016）定义景观是某地或某种类型的自然景色，例如草原景观、山水景观等；也泛指可供观赏的景物，例如人文景观、城市雕塑等。景观概念不断发展，其范围从美学到地理学再到生态学。

景观可理解为土地及土地上的空间和物体所构成的综合体，是自然过程和人类活动共同作用的结果，可以表现为自然风景、生态系统、城市公园绿地等。景观还可以表现为符号，例如建筑大师贝聿铭设计的北京香山饭店、苏州博物馆，从苏州古典园林中提炼了典型元素洞窗、白墙灰顶、假山石及植物、水等，化繁为简，用符号或色彩传达景观意境，在时代、地域和问题中寻找创新。

2. 园林

“园林”一词最早见于东汉班彪《冀州赋》中“瞻淇奥之园林，善绿竹之猗猗”，初指果园或园中的树林。魏晋南北朝时在佛经的翻译中“园林”一词被大量使用，其意象逐渐由生产场所转向审美。20世纪30年代以来，国内外学者对中国园林的研究始终伴随着对园林概念的思考。20世纪80年代初，学界围绕园林学科的命名展开讨论，争论焦点集中在采用“造园”还是“园林”。之后，受西方学术思潮影响，学界更关注园林所处的历史和文化语境，推动了人们对园林概念的认识。与园林相关的词有圃、囿、苑、园、台、池、庭园、造园、山水等。从古典园林到当今的城市景观，园林的形式始终与当地的自然和文化有着直接的联系。向自然学习，从自然中提取造园的语言是中国园林的本质。《中国大百科全书》（2004）解释“园林”是在一定的地域运用工程技术和艺术手段通过改造地形、种植树木花草、营造建筑和布置园路等途径创作而成的美的自然环境和游戏境遇/境域。《现代汉语词典》（2016）定义“园林”是种植花草树木供人游赏休息的风景区。

园林与景观初始所指对象有一定的区别，随着时间的推移，二者的相关理论研究与实践不断拓展，逐渐达成诸多共识。研究范畴均包括城乡在内的人居环境及需要保护的自然与人文资源，理论研究与实践探索关注生态、科技、艺术发展及人的美好生活需要，认同多学科融合，促进共同发展等。

二、景观设计及相关概念

1. 景观设计

景观设计（Landscape Architecture）一词于1858年被奥姆斯特德（Frederick Law Olmsted）和沃克斯（Calvert Vaux）用于纽约中央公园的规划设计中。1899年美国景观设计师协会（American Society of Landscape Architects，简称ASLA）成立，现代意义上的景观设计正式产生。ASLA定义“景观设计”是一门对土地进行设计、规划和管理的艺术，它合理地安排自然和人工因素，借助科学知识和文化素养，本着保护和管理自然资源的原则，最终创造出对人有益，使人愉快的美好环境。景观设计的范畴包括从国土规划、区域规划到城市设计、街道绿地公园设计及遗产保护等。具体表现在城市广场、商业街、办公环境、住区等用地的景观设计；公园、滨水绿地设计；国家公园规划以及乡村景观设计等。目前常见的”新中式景观设计”一词，可以理解为把中国传统园林艺术风格和现代时尚元素相融合的设计，创造有中国韵味的、体现时代特色的现代景观。

2. 园林设计

《中国大百科全书》(2004)解释“园林设计”是根据园林的功能要求、景观要求和经济条件等，运用园林历史、园林艺术、园林植物、园林工程、园林建筑等分支学科的研究成果来创造各种园林的艺术形象。1951年我国创立了“造园组”，首次建立了系统的园林专业课程体系，有组织地进行教学研究工作，开始培养专业人才服务于城市建设。园林设计经历了从对中国传统园林“现代化”到“中而新”理念指导下的“新园林”的探索性实践过程，尤其20世纪80年代改革开放后，我国城市建设方兴未艾，改善环境的议题受到关注，园林设计蓬勃发展，西方园林文化思潮的引入、分析、对比，促进了园林实践，涌现了“中西融合”的潮流。如今，学界积极探讨建设具有中国特色的园林设计发展方向。随着社会价值观念和生活方式的改变以及自然环境的变化和科技的进步，园林设计和景观设计与文明发展、政治态势、生态环境、技术革新、行业领域等方面产生交集，园林设计不断借鉴发达国家的景观设计的科学理念和技术方法，完善和丰富设计，拓展设计范畴。园林设计与景观设计二者不断为保护自然环境和建设美好家园而努力。①

三、景观设计学及相关学科专业

1. 景观设计学(Landscape Architecture)

1900年，奥姆斯特德的儿子(Frederick Law Olmsted Jr.)与舍里夫(Arthur A Shurtleff)等在美国哈佛大学首创4年制景观设计学本科专业，简称LA。美国景观设计师协会定义“景观设计学”是关于景观的分析、规划布局、设计、改造、管理、保护和恢复的科学和艺术，根据解决问题的性质、内容和尺度的不同，分为景观规划(自然、人工)和景观设计两个专业方向。其专业范围包括常规意义上的景观设计、场地规划、雨水管理、腐蚀控制、环境恢复、公园设计、视觉资源管理、绿色基础设施规划，以及私人房产和住宅景观设计等。景观设计学具有跨学科性的特点，融合了植物学、园艺、美术、建筑、工业设计、土壤科学、环境心理学、地理学、生态学和土木工程等领域的知识与实践。本质上，景观设计学是研究人与自然关系的学科。景观设计学的概念于1997年被引入我国，至今全国的许多院校都纷纷开设景观设计课程。景观设计学是在综合时空、当地文脉和社会的前提下，通过科学与艺术、人文与

① 杨锐，钟乐，赵智聪.在大变局中研发风景园林学的新引擎[J].中国园林，2021，37(11)：4.

自然、生态等众多学科交叉研究探索空间营造，为人居环境的品质提升和可持续发展做出积极贡献。

2. 相关学科专业

（1）风景园林。

1984年教育部和原国家计委印发的《高等学校工科本科专业目录》中，首次出现了“风景园林”的名称，1987年教育部正式设立“风景园林专业”。至2011年，国务院学位委员会、教育部印发《学位授予和人才培养学科目录》的通知中，风景园林学成为工科门类的一级学科。2013年，学科专业指导委员会发布《高等学校风景园林本科指导性专业规范》中定义“风景园林学”是综合运用科学和艺术手段，研究、规划、设计、管理自然或建成环境的应用性学科，以协调人与自然的关系为宗旨，保护和恢复自然环境并营造健康优美的人居环境。2022年，国务院学位委员会办公室《关于对有关博士硕士学位授权点进行对应调整的通知》（学位办［2022］21号）中，又涉及风景园林学科专业的调整。

我国的风景园林与景观设计学既有交集，又有各自的特点，二者都是包含游憩、审美、生态三要素的综合性学科。改革开放至今，随着对国土生态的重视、人居环境的改善等，我国风景园林的相关研究与实践逐渐与国际水平拉近，学习研究的内容和发展方向与国际上的景观设计学几乎一致。①

（2）环境设计。

在高等教育改革的新形势下，环境设计专业设在艺术类中，涉及建筑设计、美术、雕塑、人体工程学及材料学等专业，从室内设计发展到涵盖室外更广阔的设计领域。环境设计具有实用性、艺术性和创造性等特点。与景观设计学相比，环境设计在研究及实践中更强调设计的艺术性，尤其是大地艺术设计，更依赖设计师的艺术灵感和艺术创造。而景观设计学强调用综合的途径解决问题，建立在科学理性的分析基础上，关注物质空间的整体设计以及在尊重自然的基础上的以人为本的健康环境设计。

（3）城乡规划。

城乡规划是一门独特的学科，既有相对明确的研究领域、概念框架和方法论体系，又具有极强的社会实践导向，汇聚了自然科学、社会科学、人文学科、艺术学科和管理学科等相关知识，在此基础上建构起以城市和区域发展研究、土地和空间的使用安排和决策、规划实施管理为核心的知识体系，具有以应用为导向的交叉学科和跨学科的特征，是培养国家空间治理和城乡环境建设的引领性学科。城乡规划的核心是“规划”。景观设计学的核心内容包括景观环境空间形态设计、生态资源科学合理利用、游憩与环境行为心理感受适配关系的组织等，各学科不断拓展并呈现多元化态势。

---

① 孙筱祥.第一谈：国际现代Landscape Architecture和Landscape Planning学科与专业“正名”问题［J］.风景园林，2005（03）.

第二节 | 景观分类

景观涉及旅游、地理、生态、空间规划、土地利用、植物、美学等众多学科领域，景观分类总体上可以依据旅游学、景观生态学、土地规划、土地利用学、地理学等视角进行界定，以便促进景观设计的精深研究。以下介绍四种分类形式（图0–1）。

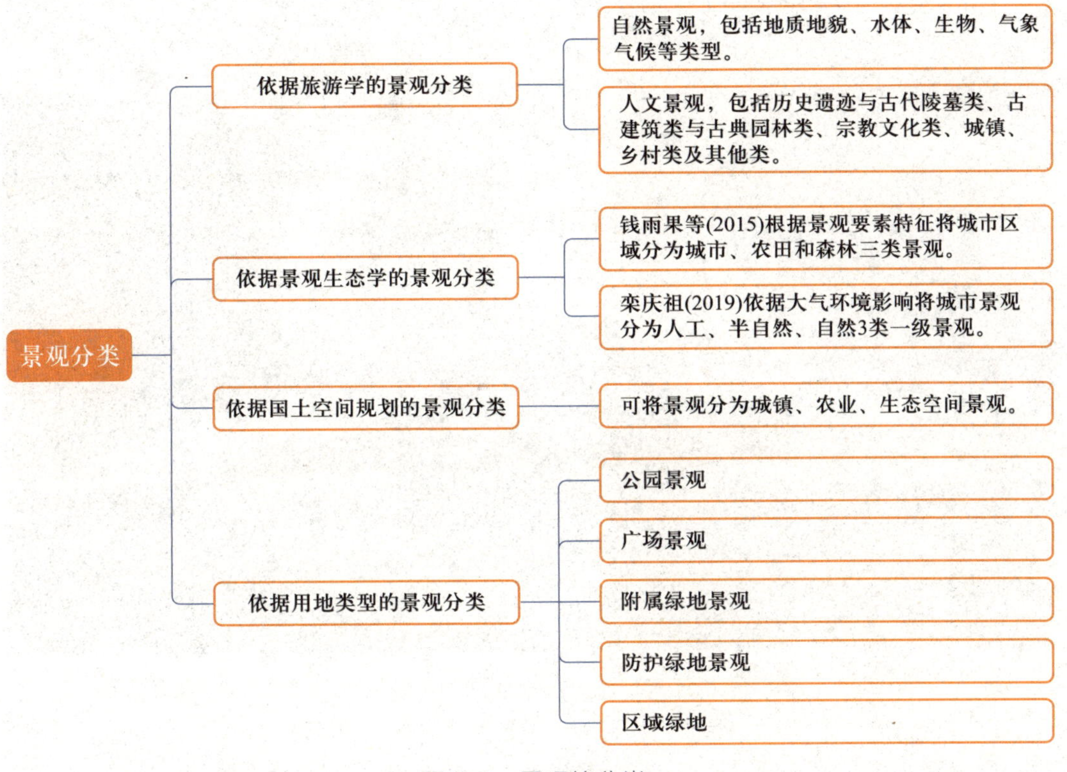

图0–1 景观的分类

一、依据旅游学的景观分类

旅游学的核心要素——旅游资源，可以理解为景观资源。景观资源是独特的地方自然与文化条件在较长时间内形成的，具有地方性、不可逆性与历史性，自然环境和文化遗产是典型例子。国家标准《旅游资源分类、调查与评价》（GB/T 18972—2003）和替代性标准（GB/T 18972—2017）将景观资源分为自然景观和人文景观。

1. 自然景观

自然景观包括地质地貌、水体、生物、气象气候等类型。自然景观具有形象美、色彩美、动态美、朦胧美等特征。审美需求是旅游者最重要的出游动机之一。丰富多样的自然景观建构了不同的审美特征。“山水”几乎是风景的代名词，是景观审美的核心要素之一。“山”可理解为地质地貌类景观，或原始纯净，或狂野浪漫，或壮丽雄浑。令人仰止的高山有威严、壮丽之感，而深谷有神秘、幽深之感。“水”被誉为风景的血脉，自然界水体有江河、湖渠、瀑泉、溪涧等多种形式（图0–2）。

图0–2　北美洲的尼亚加拉瀑布

自然景观中还有许多奇异的气象景观和奇特的生物景观。例如黄山云海、泰山日出等景观。再如喀尔巴阡山脉和欧洲其他地区的古代和原始山毛榉森林，由18个国家的94个部分组成，是相对未受干扰、复杂的温带森林的杰出案例，并在各种环境条件下展示了欧洲山毛榉纯林和混交林的综合生态模式。

一些景观资源丰富的区域被开辟为自然保护区、风景区或国家公园等进行保护。例如太平洋与落基山间的国家公园群，群山峰头白雪皑皑，相连处有壮观的冰川，漫山遍野的茂密森林中隐藏着无数瀑布、河流和湖泊，穿过一片洼地上的草原和湿地，翻过山脊后呈现山脉边缘干旱的荒原……一连串国家公园构筑起壮丽的景观。再如中国九寨沟风景名胜区、内蒙古自治区的阿尔山天池等（图0–3）。

2. 人文景观

人文景观包括历史遗迹与古代陵墓类、古建筑类与古典园林类、宗教文化类，城镇、乡村类及其他类。人文景观具有历史价值美、特色文化美、意境美等特征。多元文化的人类创造了丰富而宝贵的人文景观。亚洲有著名的北京故宫建筑群、颐和园、拉萨的布达拉宫，有日本的金阁寺、印度的泰姬陵等世界文化遗产（图0–4至图0–6）。

图0-3　内蒙古自治区兴安盟阿尔山天池

图0-4　人间的紫微圣境——北京故宫

图0-5　颐和园，北京（中国）皇家园林

图0-6　日本国宝——鹿苑寺/金阁寺

欧洲有白金汉宫、大英博物馆、凡尔赛宫、枫丹白露宫、埃菲尔铁塔、古罗马竞技场、罗马许愿池、科隆大教堂、新天鹅堡、荷兰小孩堤防（Kinderdijk）风车群、古希腊帕特农神庙、岩浆尘封的辉煌庞贝城等（图0–7）。

图0–7　法国枫丹白露

美洲有自由女神、帝国大厦、纽约时报广场、金门大桥、总统山、温哥华唐人街、马丘比丘城、玛雅金字塔等；大洋洲有乘风出海的白色风帆悉尼歌剧院，非洲有埃及博物馆、斯芬克斯狮身人面像等（图0–8）。

图0–8　悉尼歌剧院

二、依据景观生态学的景观分类

国内外依据景观生态学的景观分类研究尚未形成共识。我国学者钱雨果等（2015）依据景观要素特征将城市区域分为城市、农田和森林三类景观。栾庆祖（2019）依据环境影响将城市景观分为人工、半自然、自然景观（图0-9）。

图0-9　人工景观——维也纳美泉宫

三、依据国土空间规划的景观分类

依据国土空间规划可将景观分为城镇、农业、生态空间景观。城镇空间景观包括公园绿地、水域空间、道路广场、居住区景观、商业用地景观、工业用地景观、医疗教育用地景观等；农业空间景观包括耕地、园地、林地、牧草地、养殖水面景观等；生态景观包括草原、林地、国家公园、风景区、自然保护区景观等。

四、依据用地类型的景观分类

我国住房和城乡建设部发布的《城市绿地分类标准CJJT-85-2017》，将景观分为城市建设用地内的景观和城市建设用地外的区域绿地景观两部分。具体可分为五类。

1. 公园景观

公园景观是向公众开放，以游憩为主，兼具生态、景观、文教和应急避险等功能的绿地景观，包括综合公园、社区公园、专类公园、动物园、植物园、历史名园、遗址公园、游乐园、其他专类公园（健身公园、滨水公园、纪念性公园、雕塑公园以及位于城市建设用地内的风景名胜公园、湿地公园和森林公园等）、游园（除以上各类公园外，用地独立，规模较小，方便居民就近进入游憩的绿地景观）（图0–10）。

图0–10　游乐公园——日本东京迪斯尼乐园

2. 广场景观

城市广场作为休闲娱乐的重要场所，能充分反映出当地的文化生活水平，是展示城市发展程度和人民生活水平的重要指标，对城市发展具有重要意义。广场景观即是以游憩、纪念、集会和避险等功能为主的公共活动场地景观（图0–11）。

3. 附属绿地景观

附属绿地景观是附属于各类城市建设用地（除公园与广场以外）的绿地景观。包括居住、公共管理与公共服务设施、商业服务设施、工业、物流仓储、道路与交通设施等用地的绿地景观。绿道系统可归类到道路与交通设施用地附属绿地景观中（图0–12、图0–13）。

图0-11　北京天安门广场节庆景观

图0-12　北京某商业建筑附属绿地景观——植物、水景、彩色铺地

图0-13　中国外交部西南临街景观

4. 防护绿地景观

防护绿地景观用地独立，具有卫生、隔离、安全、生态防护功能，游人不宜进入。主要包括卫生隔离防护绿地、道路及铁路防护绿地、高压走廊防护绿地、公用设施防护绿地等景观。

5. 区域绿地

区域绿地指城市建设用地之外，具有城乡生态环境及自然资源和文化资源保护、游憩健身、安全防护隔离、物种保护、园林苗木生产等功能的绿地景观。包括风景游憩绿地（如风景名胜区、森林公园、湿地公园、郊野公园、其他风景游憩绿地例如野生动植物园、遗址公园、地质公园等）、生态保育、区域设施防护和生产绿地。

第三节 | 景观设计的价值

从哲学的角度看，价值属于一种关系范畴，是客体与主体的需要关系，即客体属性对主体需要的满足能力。景观是由自然、生态、社会、文化、艺术、经济系统所构成的地表综合体，景观设计的价值体现在能够促进人与景观的协调关系，景观设计可以给人们提供多层次、多方位的生活空间，创造出一种人性化、多元化和理想化的生活空间。景观设计具有实用价值、生态价值、文化价值和美学价值。

一、实用价值

良好的景观设计可以改善人居环境，满足人的生理、心理、行为等的物质和精神需要。例如城市公园设计为人们提供了游览和驻足体验兼顾的景观场所，公园场地设计能促进人们开展个体和多种群体性活动。人及其活动也成为景观设计的组成部分，春暖花开，笑逐颜开，人们在优美的健康舒适的物质空间中，展现了幸福美好的精神风貌（图0–14）。

图0–14　北京植物园桃花节吸引人们前来游园赏花

景观环境对人的身心健康有积极影响。例如当远离城市的我们置身于一个清幽雅静或清泉山野如世外桃源般的环境之中时，就会变得安静、身心放松，心灵得到洗礼，希望时间能停住脚步。

二、生态价值

生态价值来自景观生态系统直接或间接提供的物质或服务，包括物质产品供给如农林牧渔产品、清新的空气，生态调节服务如水源涵养、气候调节，生态文化服务等。基于生态平衡的原则，需合理考虑其他生物的生存质量与生存环境来营造人居景观。景观设计的生态价值体现在满足自然生物个体及群体的生态平衡需求，人工生态价值体现在满足人类生存与发展的群体性需求。景观设计可构建净化空气、降温降噪、促进雨水循环、保护生物多样性，以及满足审美、娱乐需求等多样的生态系统。

三、文化价值

景观所蕴含的文化价值，可以通过语言文字、建筑、场所等方式传播和传承人们所理解的价值，例如人与景观的相互作用产生的形式、关系和意义。文化具有多样性和地区差异性。例如天坛的整体布局象征着地与天——人与神之间的关系，表达了中国的宇宙观和哲学思想，也象征着这种关系中帝王的特殊角色（图0–15）。苏州古典园林以微缩形式重现自然景观，反映传统文化中人们对自然美的追求。城市或乡村景观内涵文化价值，成为当地场所精神的特定表达。这种景观对人的影响程度越深，范围越广，其文化价值也越高。

四、美学价值

戈登·卡伦（Gordon Cullen）在《城镇景观》（*Townscape*，1961）中阐述的城乡景观设计是将城乡环境的建筑群体、街道和外部空间赋予连贯、系统的视觉效果的艺术设计。F·吉伯德（Fredderik Gibberd）《市镇设计》（*Town Design*，1983）认为“环境的秩序和美犹如新鲜空气对人的健康同样必要。”景观之美主要包括色彩美、空间美、线条美、肌理美、形态美、光影美等。例如杭州城市建筑的天际线与西湖景区的堤道、岛屿、桥梁、寺庙、宝塔和植物形成和谐的美丽景观。佛罗伦萨历史中心依山而建，由城墙、河流、一系列桥梁、博物馆以及举世闻名的具有极高美学和艺术价值的教堂建筑等组成，形成城市历史形象的连续性（图0–16）。良好的景观令人赏心悦目、陶冶情操，进而提升人的审美素养。再如植物的形状、色彩随季节变化，形成错

图0-15　北京皇家园林——天坛

图0-16　佛罗伦萨历史中心

落有致、层次丰富的植物景观，观花、观叶相结合，确保植物多样性、延长植物观赏期等有助于提升环境美观度（图0-17）。

图0-17　玉渊潭樱花园盛开的樱花吸引无数游人前来赏樱

总之，景观设计集实用、生态、文化、美学等众多价值于一体。景观设计在一定的社会经济条件下进行，必须符合自然的规律，遵循生态原则，同时也要满足最基本的社会功能需要。众多的优秀景观设计作品都很好诠释了多种价值完美结合的特点。

第四节 | 景观设计的基本原则与方法

景观设计的基本原则是景观设计所依据的基本法则或标准。景观设计应坚持人性化与科学性、平等与公平性、生态与可持续性、科技与艺术性等基本原则。景观设计的基本方法是指解决景观设计问题的门路、程序等。景观设计方法有多种，基本方法包括问题导向性、概念性、系统性、生态性及公众参与性设计等（图0–18）。

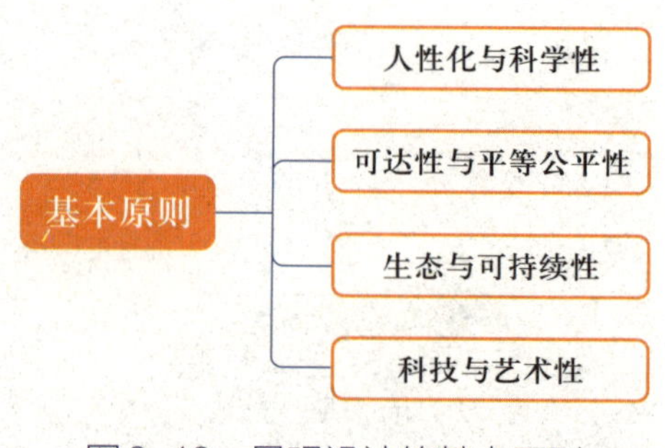

图0–18　景观设计的基本原则

一、基本原则

1. 人性化与科学性

人性化设计是以人为本，在满足人的基本生理、心理、交往、安全和实用等需求的前提下，实现设计的多功能化、智慧化和创新性。"无障碍设计"是人性化设计的重要表现，设计要关爱社会弱势群体。"人文精神"是人性化设计应重视的内容，了解使用者的文化心理与精神特质，关注地域历史文化、特色风貌，使设计展示时代精神，传达深刻的人文关怀。设计还是一项科学活动，必须尊重科学规律，深入了解自然、社会、经济等客观条件，因地制宜。科学设计有助于实现人、物与环境之间的和谐关系（图0–19）。

2. 可达性与公平平等性

景观可达性，尤其是其中的公共空间的可达性是衡量城乡游憩公共服务水平及公众生活质量的重要指标。近期国内研究关注的主题是应急避难场所和公园绿地的可达性，国外研究则侧重于公园可达性对房价估值的影响和开敞空间带给人的价值。可达性研究始于美国学者汉森（Hansen，1959），他将可达性（Accessibility）定义为：交通网络系统中各节点之间相互作用的关系特征，即借助某种出行方式从出发点到达目的地的便捷程度。近年来随着地理信息技术的发展，可达性指标被广泛应用于城市的公共服务设施配置，其中公园绿地、教育设施和医疗设施等是研究的主要对象。

公平强调公道、公正，平等强调无差别。公平是手段，平等是结果。城市空间资源布局与分配的公平性标准建立在人口需求之上。可达性研究领域的公平性还应顾及老年群体、居住区等具体因素，研究对象包括城市公园、广场、绿地空间、公共设施、公共体育设施资源、社区公共空间等。景观公平性是对可达性概念的拓展，而景观可达性也为公平性研究奠定了量化基础。景观设计服务的对象是平等的，设计师应

图0-19　北京紫竹院公园中的景观标志物结合无障碍设计引导交通

公平地尊重每个服务对象的需求，尤其是弱势群体的需求。现代设计与传统设计的重要区别就是服务对象发生了改变，从而引发设计的思想、内容、方式等诸多方面的变化。公平的设计，可以促进享受景观资源层面的人人平等。

3. 生态与可持续性

景观设计要向自然学习，尊重自然、尊重人文，追求人和自然关系和谐。强调人对自然环境应承担的责任与义务，审视自然的价值与权利，并以伦理道德的规范来调节人与自然的关系。生态设计是对自然生态系统的保护，有助于景观资源的永续利用。设计时需要充分考虑到资源的有限性，节能环保，要考虑环境的承载力，尽最大能力对空间环境进行生态修复性设计。

4. 科技与艺术性

科技对设计思维、设计方式、设计结果等有重大影响。积极的影响表现在科技的进步能拓展设计思维、创新设计方式、促进设计效能提高；负面的影响可能表现在忽视人文关怀，忽视人的精神需求与情感满足等方面。随着人们对精神生活追求的不断提升，景观设计中开始介入艺术性内容，力求引导大众审美的提升，以景观美塑造人的心灵美。

二、基本方法（图0-20）

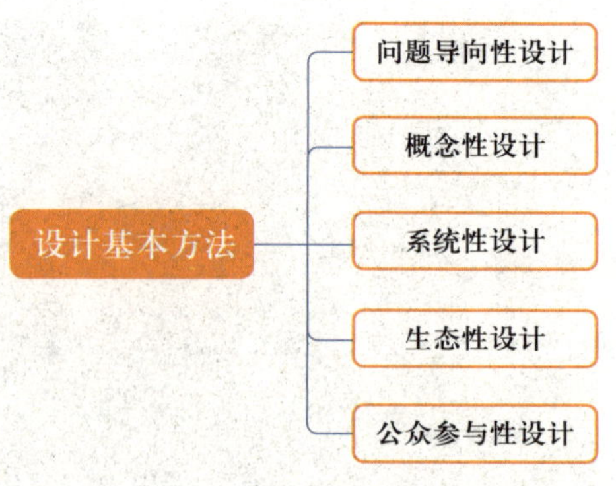

图0-20　景观设计的基本方法

1. 问题导向性设计

“设计解决问题”是设计的基本目标。如何让设计顺应新发展格局的任务？如何让设计服务大众的需求？如何让设计带来更美好的城乡生活？设计师应提出紧跟前沿且务实的命题，从而体现对设计的深刻见解与对提升设计能力的高度重视。首先将问题进行描述，根据问题所展现的条件、准则和目标建立初级模型，对问题中的复杂事物信息分级分类表述，并拆解成现象、原因、关系等，再逐个拓展分析，揭示内在规律，寻求解决问题的系统性方案。在设计过程中可引入相关基础理论和研究方法作为指导，通过问题的拓展和变换，生成解决问题的更多创新方案。问题导向性设计也有利于教学活动，把学习知识任务与问题衔接，培养学生的知识建构能力和思维创新能力。

2. 概念性设计

概念性设计是利用设计概念并以其为主线贯穿全设计过程的设计方法。设计概念是核心需求的映射，是从客观的前期条件需求转化为设计师主观思考的产物，可以通过主观意象、秩序重构、跨学科引入等路径提出设计概念。全设计过程包括从分析用地情况和使用者需求到生成概念方案的一系列有序的、可组织的、有目标的设计活动，它表现为设计由粗到精、由模糊到清晰、由抽象到具体的不断演进的过程。优秀的概念性设计能让人客观、明确地了解设计主旨（图0-21）。

3. 系统性设计

系统性设计方法在目前各设计领域的创新活动中常被用到。设计本身就具有系统性，例如自组织性的复杂性设计思想就是系统性设计的体现。景观设计需深入探究基地各方面的条件，包括人的需求、自然、人文资源、设计的功能、结构、形式、材料、色彩、文化、经济等多项指标因素，形成子系统，例如道路交通系统、绿地系统、智能管理系统等，形成景观设计系统的有机整体。设计中的各项指标因素之间的相互影响、制约，会影响最终的设计方案的成效。从系统角度观察，需强调设计要素的联系性和程序的完整性，做整体设计。

4. 生态性设计

景观生态性设计是依据生态学原理进行生态优化的设计。其核心是要建立良性循环的人工景观生态系统；强调设计中的生态平衡，实现景观和谐性、有序性和动态性发展；要树立尊重自然、保护自然的生态文明理念，在优化人文和居住环境的设计中，始终贯彻生态伦理的思想，为人们提供一个健康、绿色生态、安全、舒适的景观

图0-21　芝加哥千禧公园中的水幕墙景观，游人与水幕互动映射影像

空间的同时，实现人与自然环境和谐共生。

5. 公众参与性设计

从狭义上看，公众是除设计师及与其设计工作有关的管理、施工等人或团体外的人群。公众参与性设计是指公众加入设计事务，进行讨论、计划与处理，涉及景观设计的功能、空间、设施等设计意象，可以商议、辩论，促进公众与设计师等之间形成良性互动，在专业引导下共同分析研究，营造设计公开、公平的氛围环境，保障公众有效、平等地获取设计服务，促进设计有效实施。

总之，景观设计的方法与原则就是通过不同视角去考察设计的要求和目标，采用适宜的设计方法对设计项目进行综合分析、提出有效策略方案，并通过优度评价等方法得到最优解。

第一章

景观设计思潮

《现代汉语词典》定义思潮为"某一时期内在某一阶级或阶层中反映当时社会政治情况而有较大影响的思想潮流。"那么，景观设计思潮可理解为"某一时期内在景观设计领域反映当时设计情况而有较大影响的思想潮流。"依据景观设计发展脉络，景观设计思潮始于美国公园运动，之后，受现代艺术思潮影响，经历了美国公园运动，艺术运动中的景观设计，现代主义与极简主义、大地艺术景观设计，后现代主义与其他景观设计思潮等几个阶段（图1-1）。

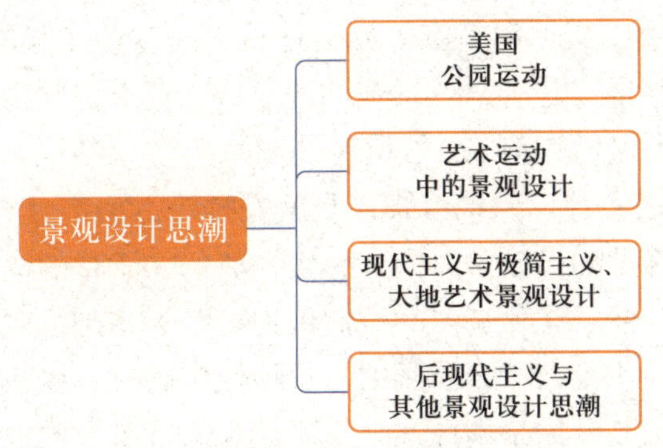

图1-1　景观设计思潮的几个阶段

第一节 | 美国公园运动

一、美国城市公园运动

工业革命时期的英国政府在大众舆论的压迫下，于1833年首次提出通过建设公园来改善不断恶化的城市环境，并颁布了相应的法案。公园运动（Park Movement）在美国被发扬光大。美国自19世纪便开始探索既能缓解人们工作压力和心理负担，又能满足城市居民游乐休憩、康体需求的公共空间。1831年在马萨诸塞州的园艺协会上，建成了第一座"乡村主题"的花园式墓地园——奥本山公墓。这类墓园依据当时的主管部门（美国内政部）提出的希望，以建设"既能安葬死者，又能为活着的人提供休憩场所"的设计理念，逐渐形成了美国郊区外的公墓公园模式，为自然风景式景观设计奠定了实践基础。

1858年，奥姆斯特德（F.L.Olmsted）和沃里斯（Calbert Vaux）设计的纽约中央公园方案掀起了全国性的城市公园建设运动。为满足市民游乐休憩的需求，在城市的中心地带建立一系列公园。波士顿的"翡翠项链"（Emerald Necklace）公园方案是其又一代表作，它由9个部分组成，从波士顿公园到富兰克林公园，全长绵延约16千米，由此，奥姆斯特德提出新城市公园系统理论。美国城市公园运动由各层人民的生活需求与公共健康所引发，城市公园与公共健康呈现了相互促进的趋势，即城市公园促进公共健康的同时，公共健康也推动了城市公园系统的完善。

二、美国国家公园运动

美国是世界上第一个建立国家公园的国家。以1872年建立的黄石公园为标志，美国的政府官员、自然保护主义者、科学家等社会精英人士联合发起国家公园运动，"为了人民的利益与愉悦"，将拥有壮美自然景观的"原始"荒野保留为国家公园，开启了人与自然关系中强调人类保护性利用自然资源的新时代。

美国国家公园运动在立法精神、保护模式、制度安排等方面都具有开创性意义。国家公园成为荒野的保留地与美国人欣赏风光、感悟自然的旅游目的地；可激发民族自豪感与国家认同；为美国自然、文化遗产的全面保护奠定了基础，对世界国家公园运动的发展起到了示范和推动作用。黄石公园因具有地域广阔性、风景壮丽性、荒野原始性等特征而被确立为国家公园的基本标准，是研究和欣赏重要的地质现象和过程的要地之一，它也是地热力、自然美景和珍稀濒危物种繁衍生息的野生生态系统的独特体现（图1-2）。美国还逐步建立了其他诸多类型的保护区，将最为重要的、最具国家代表性的自然、历史、文化、军事遗产和游憩资源纳入保护范围，构建了国家公园体系（U.S. National Park System）。这一体系已成为当今世界上最具代表性的自然与文化遗产保护体系之一。

图1-2　美国黄石国家公园

第二节 | 艺术运动中的景观设计

一、工艺美术运动中的景观设计

工艺美术运动始于1851年伦敦世界博览会，并逐渐拓展成为欧美的国际性艺术运动思潮。英国艺术家、诗人莫里斯（William Morris）提出“设计为人民”，和其他画家、建筑师等组成拉斐尔前派（Pre-Raphaelite Brotherhood），主张手工艺传统，反对机器美学。1888年在伦敦成立工艺美术展览协会（The Arts and Crafts Exhibition Society），代表人物有英国的马金托什（Charles Rennie Mackintosh）、美国芝加哥学派的沙利文（Louis Sullivan）和赖特（Frank Lloyd Wright）等。

工艺美术运动的景观设计强调规则式布局与自然栽植相组合，尊重地域自然特性和文化传统；运用色彩搭配与花境设计丰富景观，花园与建筑有机结合，提升形式美；使以人为本、充满乡间的浪漫情怀的设计成为一种时尚，影响整个欧洲。莫里斯实践了英国人拉斯金（John Ruskin）提出的“学习自然”和“设计的实用性”思想，提倡汲取自然元素，但要避免刻意照搬自然。他认为装饰的绿篱要有序完整、花卉布局自由有趣，减少对植物生长的人为干预。代表作红屋（The Red House）庭院，红砖建筑采用哥特式的装饰细节，庭院布置了药用植物园、蔬菜园和2个花园，花园植物多为英国乡野植物，庭院表现了自然原始美，简单、朴实无华。英国设计师鲁滨逊（William Robinson）善于构筑小尺度的功能空间，强调运用自然材料，注意植物的生态习性。出版了《野生花园》（*The Wild Garden*，1870）、《英国花园》（*The English Flower Gardens*，1883），被誉为“英国花园之父”，代表作品有大迪克斯特府（The Great Dixter）花园、贝丝·查多花园（Beth Chatto Gardens）、格雷维提庄园（Gravetye Manor）等（图1-3）。

杰基尔（Gertrude Jekyll）受莫里斯、拉斯金、鲁滨逊等影响，所设计的花园常用矩形、圆形等几何形种植床和自由型种植团块，建筑和花园、功能与艺术有机结合，植物景观配色精致，独特的花境、自然林地设计成为当时新型花园设计的潮流。代表作有《花园的色彩设计》（*Colour Schemes for The Flower Garden*，1914）、赫斯特科姆花园（Hestercombe Garden）、佛利农场花园（Folly Farm）、杰基尔式花境设计等。

路特恩斯（Edwin Lutyens）被视为英国最伟大的建筑师，曾与杰基尔长期合作，提倡从大自然中获取设计源泉，找到了建筑与花园结合的新方法。代表作印度莫卧儿花园（Mughal Garden）是规则式和自然式相结合的典型案例，花园分三部分：①建筑前规则式花园，四条水渠构成骨架，喷泉位于交点上，外侧是小块草坪、方格花床；②长条形花园，花架上攀爬植物；③下沉式圆花园，水池外围是众多的分层花台，有乡村韵味。

图1-3 英国格雷维提庄园

二、新艺术运动中的景观设计

新艺术运动始于1895年的法国，之后蔓延到其他欧美国家，也是一项形式主义运动和影响广泛的国际设计运动。它放弃传统装饰，走向自然，强调设计的实用性和装饰性，将自然元素以点、线、面等图形科学组合成个性化的装饰图案，常见有曲线和直线两种。

法国设计师吉玛德（Hector Guimard）设计的巴黎地铁道入口，采用金属铸造技术模仿植物的枝干形态，玻璃顶模仿海贝形状，是新艺术运动的杰出代表。

西班牙设计师高迪（Antoni Gaudii Cornet）将曲线用到建筑、雕塑、花园等设计中。他认为曲线才是对自然界中物体形态的直观表达。在古埃尔公园（the Guell Park）设计中结合雕塑立体化展示公园的童真意趣；米拉公寓（Casa Milà）则力求有机形态，外形局部仿动植物造型。

英国设计师马金托什运用直线、几何造型、黑白色等进行设计，为机械化、批量化、工业化和现代主义设计奠定了基础。美国设计师赖特受马金托什思想影响，以几何主题变奏出丰富的层级和形态，代表作统一教堂（Unity Temple）具有文物和历史文化价值。

德国建筑师穆特休斯（Herman Muthesius）主张几何式景观设计，注重建筑与花园紧密联系。1907年建在柏林的自用住宅和花园通过花架和景亭联系，并种植花床；另一个住宅建筑与花园由椴树林荫道、黄杨花坛等组织联系。

三、装饰艺术运动中的景观设计

装饰艺术运动始于1925年巴黎“装饰艺术展览会”（the Exposition des Arts Decoratifs），该运动反对古典主义、自然主义、纯手工的装饰，主张机械美。装饰艺术的核心是“现代”（modern），涉及家具、陶瓷、绘画、海报、雕塑等多领域。装饰艺术运动在美国蓬勃发展，尤其是在建筑设计领域，采用新材料建造和装饰，如金属和玻璃。纽约电话公司大厦（New York Telephone Building/Barclay-Vesey Telephone Building）集维多利亚、文艺复兴、现代主义装饰于一身；克莱斯勒大厦（Chrysler Building）的金属尖顶耸入云霄，金属鹰头装饰四角；帝国大厦（The Empire State Building）竖线高耸，表层镀镍钢板闪闪发光；洛克菲勒大厦（Rockefeller Center）钢结构突出垂直的线条向上动感，窗下墙外皮金属铝板风格简洁。

装饰艺术传到西海岸，形成了加利福尼亚装饰艺术风格，流线型风格、美国殖民时期风格、南美印第安文化风格融为一体。还有源于电影院设计的好莱坞风格。法国作家、画家及景观设计师费迪南·巴克（Ferdinand Bac）用装饰艺术绘画来表现景观意境。他认为庭院是人们冥想的空间，庭院之魂蕴藏了人意愿中所有的静谧感。1930年左右在巴黎第十九区装饰艺术风格景观（Le Square de la Butte du Chapeau Rouge）设计中，水景组织方式更简洁、灵活、多变。

第三节 | 现代主义与极简主义、大地艺术景观设计

一、现代主义景观设计

现代主义始于20世纪初，又称功能主义，提倡为大众设计、艺术与科技结合等，表现为①强调功能和空间整体设计模型化；②注重非装饰的几何造型和标准化；③运用新材料，尊重材料特性；④考虑实用、经济。先驱人物有格罗皮乌斯（Walter Gropius）、密斯（Ludwig Mies Van der Rohe）、柯布西耶（Le Corbusier）、阿尔托（Alvar Aalto）、赖特等，他们奠定了实用主义、理想主义等现代设计思想的基础，影响了全世界设计的发展。

柯布西耶在《走向新建筑》（*Vers Une Architecture*，1923）中说的“房子是住人的机器”是现代主义建筑宣言。他提出建筑五要素：①底层架空；②自由立面；③横向长窗；④自由平面；⑤屋顶花园。代表作萨伏伊别墅（The Villa Savoye）轮廓简单、长窗平阔，外墙白色光洁，光影丰富，漫步建筑中步移景异；室外风景宜人，树茂草美，建筑与自然融合。

密斯主张建筑与自然融合，设计与科技融合，他提出的“少即是多、流动空间”已成为现代主义设计的标志。代表作是巴塞罗那德国馆（German Pavilion in Barcelona），建筑主厅由金属柱承重，大理石与玻璃墙板轻盈、光洁；建筑色彩、材料质感、墙面纹理等都十分考究，整体比例和谐、典雅；建筑与外部水池、绿植有机结合，形成空间的延续感和流动感；内外空间结合的院墙角布置少女雕像，成为景观焦点。

赖特深受沙里文“形式追随功能（Form Follows Function）”思想的影响，提出有机建筑六原则：①简练应该是艺术性的检验标准；②风格多样；③建筑与环境协调；④建筑色彩与环境一致；⑤材料本质表达；⑥建筑中精神的统一和完整性。赖特的设计充满灵活性和浪漫主义。代表作流水别墅，悬空的楼板铆固在自然山石中，空间相互流通，楼梯与下面的水池联系，金属窗框的大玻璃，虚实对比强烈。建筑构思大胆，结构、材料、建筑方法融为一体（图1-4）。

阿尔托提出了有机功能主义，主张自然主义与机械生产结合，促进了斯堪的纳维亚地区（Scandinavian）现代主义设计的发展。他强调功能、民族性、自然再现，关注人文与心理；建筑造型娴雅，空间自由活泼、有流动感；重视建筑与自然和谐，因地制宜，建筑诗意化，风格淳朴，景观优美。代表作为珊纳特赛罗市政中心（Saynatsalo Town Hall），该中心设计了抬升的庭院，庭院四周建筑高低错落，庭院为二层空间提供了采光和自然风景；庭院主入口附近设花架，另一入口台阶平面由木板填土，长满青草，生机勃勃。

图1-4　流水别墅看起来是从山林中成长出来的，并且与周围的环境和谐一致

现代主义的景观设计追求朴实、简洁、自然的审美风格，设计师莫奈（Claude Monet）的莫奈花园（Monet's Garden）分为规则式园圃和自然式水园。园圃中石径从房前直通花园正门，轴线控制各要素及空间；水园中曲径通幽，尊重花木的生长形态，植物布置高低错落，绚丽多彩，自然动感，园中建有日式人工湖和桥，水中睡莲幽香，岸边柳绿花艳，整个花园充满生机和诗情画意（图1-5）。

图1-5　吉维尼（Giverny）莫奈花园

法国盖伍莱康（Gabriel Guévrékian）使用建筑领域的新材料、新技术进行设计，并用矩形和三角形元素、大色块的几何图案设计立体派景观。英国设计师唐纳德（Christopher Tunnard）出版《现代景观中的花园》（*Garden in the Modern Landscape*，1938）提出功能是现代主义最基本、最首要的设计要素，倡导现代景观的功能性、移情和艺术性。代表作为本特利树林（Bentley Wood）住宅花园。英国设计师杰里科（Geoffrey Jellicoe）受意大利文艺复兴古典园林影响，关注景观与建筑之间的整体关系，重视植物设计，善于利用视景线、水景和林荫道等营造景深效果，他的设计有超现实主义的特点。他于1975年出版《人类的景观》（*The Landscape of Man*），代表作为沙顿庄园（Sutton Place）。

20世纪30年代斯德哥尔摩展（Stockholm Exhibition）是功能主义在北欧普及的标志，倡导使用本土的、自然的方式创造诗意的景观。第一次世界大战后，北欧设计师们开始思考设计为大众服务的问题。丹麦索伦森（Carl Theodor Sorensen）与拉斯姆森（Steen Eiler Rasmussen）等人创造了兼具使用功能和地域美学的景观设计思想，第二次世界大战后的欧洲景观设计更强调公共性和开放性。斯蒂尔（Fletcher Steele）将欧洲现代主义景观设计思想引入美国，代表作为缅因州卡姆登公共图书馆的露天剧场

（the Camden Public Library，Amphitheatre，Maine）。

奥地利建筑师纽特拉（Richard Neutra）于1923年移居美国，在加州创建“加州花园（California Garden）”风格。美国丘奇（Thomas Church）是“加州花园”设计师代表，设计有露天木质平台、游泳池、不规则种植的花园为人们创造了户外生活的新方式，代表作为唐纳花园（Donnel Garden）。美国埃克博（Garrett Eckbo）是“加州学派”另一位代表人物，强调“空间、人”的重要性，景观特征是由气候、土地、水、植物、地区性等综合条件所决定。现代主义思潮影响下的景观设计更多注重空间的营造和人的行为活动需求。

丹·凯利（Dan Urban Kiley）《自然：设计之源泉》（*Nature: the Source of All Design*，1963）认同哲学家梭罗（Henry David Thoreau）“人是自然界的一部分”思想，并体现于植物、水体等自然要素的设计运用，人与自然和谐共处。在其代表作米勒花园（Miller Garden，1955）中，古典与现代结合，几何、网格结构单元的联结和转换，空间的流动、透明性与秩序，表达了“人即自然”思想。美国景观设计师哈普林（Lawrence Halprin）主张设计应重点考虑人的活动，还应坚持自然生态原则（图1–6）。

图1-6　哈普林设计的波特兰大市大会堂前的伊拉·凯勒喷泉广场（Auditorium Forecourt Plaza）

佐佐木英夫（Shodo Sasaki）曾担任哈佛设计研究生院主任，建立先进的课程体系，打破了建筑、景观、规划等各学科之间的界限，提倡专业合作。1957年与彼得沃克创立SWA事务所。早期作品绿亩园（Greenacre Park）用水花飞溅的声音掩盖了曼哈顿市中心的嘈杂。后期作品亚利桑那中心（Arizona Center）花园如沙漠绿洲，花园呈阶梯状，池水随阶梯而下，变化丰富，吸引人们来休闲活动。

泽恩（Robert Zion）是纽约口袋公园（Vest-pocket Park，又称袖珍公园Minipark）的创立者。公园是规模很小的城市开放空间、行人能坐下片刻游憩的场地、喧哗城市中安静的绿洲。其代表作佩雷公园（Paley Park）被誉为20世纪最有人情味的空间设计之一。公园以6米高的瀑布墙为背景，流水声掩盖了城市的喧嚣，晚上的霓虹灯光引人注目。1953年，建筑师菲利普·约翰逊（Philip Johnson）和景观设计师合作在曼哈顿的现代艺术博物馆设计了洛克菲勒雕塑花园（Abby Aldrich Rockefeller Sculpture Garden），花园种植乔木和攀缘植物、水景与雕塑映衬，可移动的椅子便于人们使用。

著名大家还有巴西布雷马克思（Roberto Burle Marx），他善用曲线，被誉为“现代巴洛克”；墨西哥巴拉甘（Luis Barragan）将现代主义与墨西哥传统相结合；瑞典格莱姆（Erik Glemme）推动“斯德哥尔摩学派”发展；丹麦安德松（Sven Ingvar Andersson）花园实验室，将数字档案和交互式多媒体网站结合，提供沉浸式体验，使访问者能够游历和感受花园五十年间的时空变化；野口勇（Isamu Noguchi）探索了园林与雕塑结合的可能性，开拓了园林的新形式，将日本文化的精髓表现在西方现代设计中；穆拉色（Murase）善于用各种石材塑造景观。总之，现代主义设计在社会、技术、文化发展体系中表现出具有民主化、大众化、工业化等特点。

二、极简主义景观设计

20世纪60年代，受密斯提出的“少即是多”理论的影响，极简主义在欧美开始流行。极简主义景观设计结合了古典主义、早期现代主义等设计特点，以几何秩序美学为特征，将简单的景观形式与复杂的内涵、鲜明的个性、现代化与工业化特征结合，对公众的影响迅速而直接。代表人物彼得·沃克（Peter Walker）将抽象的艺术表达形式与法国古典花园的规则式空间结构相结合，在直线、圆形和正方形的基础上加入弧线、椭圆以及不规则曲线、自然元素进行排列组合，并尊重场地的自然景观属性，注重设计的生态效益与美学表达，创造自然与美学共存的几何空间，满足了人与自然交流的需求。沃克于20世纪90年代吸取了日本枯山水庭院含蓄性的表达手法，注重人在景观中的情感体验。代表作唐纳喷泉（Tanner Fountain）用上百块天然石进行不规则排列组合，形成了直径18米的圆形石阵，部分石身被埋于地下，仿佛在草地中自然长出。喷泉四季喷雾，成为体察自然变化的景观艺术。沃克还设计了“9·11”国家纪念博物馆（National September 11 Memorial and Museum），在旧址上设计巨大瀑布，以森林广场环绕其周围（图1–7）。

玛莎·施瓦茨（Martha Schwartz）坚持艺术与景观设计相结合，设计理念介于现代主义和后现代主义之间。提出景观设计不应依赖建筑而存在，应具有一定的思想性和艺术性，服务社会各阶层。其作品多用廉价材料，通俗的观赏性拉近与人的距

图1-7　美国“9 · 11”国家纪念博物馆

离。作品常表现出后现代主义注重历史文脉和地方特色的特点，具有文化活力。代表作纽约亚克博亚维茨广场（Jacob Javits Plaza）改造设计，以法国巴洛克式的大花坛为创作原型，用绿色的木质长椅围绕广场上原有的6个球形草丘，形成类似模纹花坛的涡卷图案，弯曲的长椅代替了绿篱，形成内向和外向两种休息环境。草丘顶部有雾状喷泉，为夏季炎热的广场带来丝丝凉意。广场无论从形象上还是功能上都深得公众的喜爱。

三、大地艺术景观设计

大地艺术，由极简主义发展而来，是艺术家在大自然中进行创作的一种艺术形式。以定居美国的保加利亚人克里斯托（J.Christo）和美国罗伯特·史密森（R. Smithson）等最为著名。克里斯托在美国科罗拉多州的一个大河谷之间，搭起了长381米、高80~130米的橘红色“山谷帷幕”，蔚为壮观。史密森在美国犹他州的大盐湖上用砂石筑起了直径约49米)、长457米的螺旋状防波堤，场面宏大。1959年，在瑞士苏黎世的设计展中，瑞士设计师克拉默(Ernst Cramer)设计了诗人花园(Garten des Poeten)，草地金字塔与圆锥有韵律地分布在平静的水池周围，几何的诗意运用到景观中，抽象几何体构成了与众不同的空间感受(图1-8)。

图1-8 诗人花园

第四节 | 后现代主义与其他景观设计思潮

一、后现代主义景观设计

后现代主义设计始于20世纪70年代的建筑设计运动。①后现代主义设计广义上包括高度隐喻的设计风格和强调借鉴历史风格的装饰主义；狭义上是现代主义、国际主义设计的一种装饰性发展。主要特征为：①强调借鉴历史风格的装饰主义；②抽离、混合、拼接法的折中处理；③娱乐性和装饰细节的含糊性。狭义的后现代主义于20世纪90年代开始衰落，逐渐消融到当代艺术中。美国后现代主义建筑设计百花齐放，主要表达建筑的矛盾性、不对称性、幽默戏谑化、碎片化和复杂性。先驱人物美国建筑家文丘里（Robert Venturi）、詹克斯（Charles Jencks）、摩尔（Charles Willard Moore）、斯特恩（Robert Arthur Morton Stern）、迈克尔·格里夫斯（Michael Grieves）等。

文丘里在建筑领域最早提出后现代主义。针对密斯的“少就是多”（less is more）提出“少即是无聊”（less is a bore），主张建筑就要装饰，用历史建筑特征和通俗文化元素赋予建筑审美性和娱乐性。他在《建筑的复杂性和矛盾性》（*Complexity and Contradiction in Architecture*，1966）、《向拉斯韦加斯学习》（*Learning from Las Vegas*，1977）中都强调后现代主义作品中的戏谑和对通俗文化的褒扬态度。代表作有宾州母亲住宅（the Venturi House）和富兰克林中心广场（Franklin Court Philadelphia,PA）等。母亲住宅建筑结构简单清晰、功能齐全；正立面设计从历史建筑中提取灵感与元素，三角山花墙割裂，又用断裂的圆弧进行关联，统一又对立，表现戏谑性；门窗非对称性布局，却两侧均衡。

詹克斯所写的《后现代建筑语言》（*The Language of Post-Modern Architecture,* 1977）第7版改名为《建筑的新范式》（*The New Paradigm in Architecture,* 2002）；《什么是后现代主义》（*What is Post Modernism*? 1985），增订改版为《批判的现代主义——后现代主义向何处去？》（*Critical Modernism: Where Is Post-Modernism Going*? 2007）；集大成之作《后现代主义的故事——反讽建筑、地标建筑和批判性建筑的50年历史》（*The Story of Post-Modernism: Five Decades of the Ironic, Iconic and Critical in Architecture*，2011）在一定程度上反映了其建筑从“历史主义向批判的现代主义”的转变（图1–9）。

---

① ［美］查尔斯·詹克斯.现代主义的临界点——后现代主义向何处去？［M］.丁宁等译.北京：北京大学出版社，2011.

图1-9　詹克斯花园/宇宙思考花园

摩尔认为建筑充满了表演的精美和浪漫。他重视建筑与历史、自然环境、社区环境结合，探索地方文化的文脉性与连续性。在《建筑量度论——建筑中的空间、形状和尺度》（*Dimensions: Space, Shape & Scale in Architecture*，1976）中认为建筑的量度是无数，任何独立的变量如室温、日照、色彩、心理感受等都可以成为建筑的量度。摩尔认为建筑不仅限于物质功能和单纯美感，还应满足社会要求和精神要求，应该像生活一样丰富多彩；空间需要限定、界面定义，层次丰富的空间，要考虑人在其中的知觉感受。代表作新奥尔良意大利广场（Piazza Italia, New Orleans，1973）采用了后现代主义的"拼贴"手法，用一系列弧形墙面高低错落排列，引用古典柱式变形布置，整体似舞台布景，喷泉层层叠叠倾泻奔流着，设计迎合了大众趣味，得到举世关注（图1-10）。

迈克尔·格雷夫斯早期受柯布西耶的影响，后来着意于空间结构和文脉的连续性，追求建筑中的诗意、幻想、符号隐喻、象征意义。其设计具有古典主义装饰、拼贴性、隐喻主义、新地域主义和人文性等特点。建筑形体空间大都简洁、方整，通过抽象化的古典构件和色彩细节展现古典特征，绘画和设计技术完美融合。代表作迪士尼系列建筑采用图像建筑法（figurative architecture）表现神话和人文。他认为建筑的属性应该是故事的讲述、记忆、憧憬等构成的场景给人的一种归属感。

菲利普·约翰逊被称为美国建筑界的"教父"。从玻璃屋时期的密斯风格转向新古典主义，从现代主义到后现代主义再到解构主义，他总是引领设计潮流。现代主义代表作玻璃屋（Glass House）在自然中寻找设计灵感，运用透明的玻璃材质实现内外

图1-10　新奥尔良意大利广场

借景；屋前小路用白色鹅卵石铺成，尊重自然的曲线美，追求树丛、水池等自然要素造园，将原本属于玻璃屋的功能分散到砖屋以求缩小建筑的比例，并将其放置在景色的焦点上，注重呈现场所精神。

约翰逊高度关注自然和人造光线关系及水的作用，建筑雕塑化，重视时代特色及地域特色。后现代主义代表作美国纽约电话电报公司大楼（AT&T Headquarters Building）建筑的屋顶和立面的做法对后现代建筑风格的形成影响颇大。后现代主义代表人物还有巴西的奥斯卡·尼迈耶（Oscar Niemeyer）、日本的矶崎新（Arata Isozaki）、丹下健三等。总之，后现代主义景观设计注重：①传统与现代交融，提炼传统的文化、符号、观念，结合现代文化需求等问题进行创新设计；②形式与空间多变，建筑色彩、造型、材料质感等与地形、水体、植物等要素有机结合，综合性地考虑场所规划；③积极采用新材料与新技术；④自然与生态的协调，减少对自然的干预，尊重自然，强调人与自然和谐共存；⑤强调历史与文脉的传承，使设计和周围环境、地理等特征保持连续性，实现历史与文化情感的延续。

二、解构主义景观设计

解构主义是分析、分解某一事物或符号的结构、成分，按照自己的思路重新建构。解构的意义在于人们需要不断打破固有的失去活力和生命力的规则，拆解事物或符号代表的含义和形式，按照新的思路和想法重新构建事物或符号，赋予其新的含义和新的表现力。解构与重构同时出现，重构是让设计更具多变性，从不同角度欣赏和观察事物，多方位思考。解构主义设计常表现为强烈的不稳定性、多义性、模糊性，强调无中心、多系统、持续变化、空间流动导向性、空间连续性，关注景观要素的异质性、独特性、文化意境、美学特征、地方化、多样化，布局结构复杂多样、动态，甚至是断裂、对立的，但注重综合考虑、总体设计。

屈米（Bernard Tschumi）设计的巴黎拉·维莱特公园（Parc de la Villette），将基址缩放到120米×120米方格网中，40个交会点，分别用长、宽、高均控制在10米内的红色建筑点缀。饮食店、信息中心、医疗站、展览室、问询室等建筑形态因功能而变化。公园林荫道和连接运河两侧的长廊成为公园轴线。线形游览路将方格网中的秩序打破，连接10个主题公园，这些公园由多个设计者和艺术家设计，样式多变，如雕塑公园、下沉式公园等。主题园、草坪、树丛和其他场地共同构成了公园的“面”要素。屈米通过红色建筑和方格网展示出法国传统巴洛克园林的逻辑性和秩序性，采用解构和重构的手法对复杂的地段进行处理，以点、线、面 按照一定的顺序进行组合和叠加（图1-11）。

图1-11 巴黎拉·维莱特公园

随着科学技术的发展，人们逐渐认识到在遵循自然规律的前提下，可以利用技术手段来优化、约束自然。亚历山大·谢梅道夫（Alexendre Chemetoff）在拉·维莱特公园内设计了“竹园”，希望作为一处集展示、试验、生产与再生等于一体的场所，充分展示了枝叶与粗犷混凝土大地结合的魅力，园艺知识与工程技术既对立又统一，相互依存。

三、生态主义景观设计

20世纪60年代，各种环境问题日趋严重，一系列环保运动兴起。1969年，生态规划之父——麦克哈格（Ian McHarg）出版的《设计遵循自然》（*Design With Nature*）

运用生态学原理研究大自然的特征，提出创造人类生存环境的生态思想、生态规划方法，即千层饼模式（又称叠图）规划分析方法，对生态系统中的各生态因子进行分析，以图示清晰地表达每一影响因子的可利用状态，通过叠加得到土地利用的适宜性评价，以便实现对自然的开发利用与人类活动、场地特征、自然过程协调一致。当时用手工基于透明纸的地图分层叠加技术处理，逐渐发展到采用计算机进行操作，用GIS完成。麦克哈格代表作伍德兰兹（Ecological Planning of Woodlands Community）社区生态规划，对场地现有的自然现象及其生态因子进行全面清查，列出生态清单包括气候、地质、水文、湖沼、土壤、植被和野生动物等生态因子的数据，以及由此确定的发展目标和适应性策略，对场地进行整体性把控，关注各因子在场地规划设计中的互相作用（图1-12）。

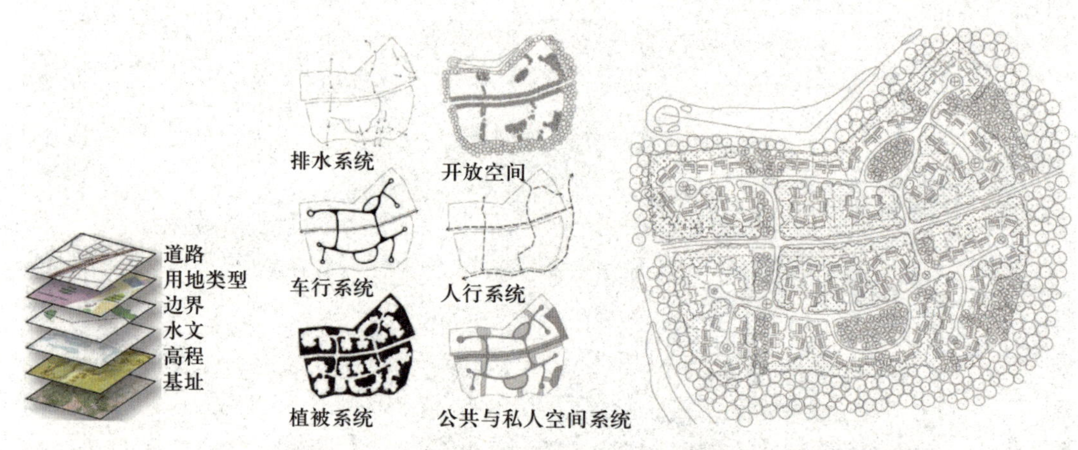

图1-12　千层饼图示意，伍德兰兹社区生态规划根据参考文献[①]整理绘制

20世纪90年代至今，艺术、社会学、地理学、经济学、行为心理学、生态学等众多学科的分析方法被用于景观规划设计中，分析方法也呈现多元化，如SWOT分析法、POE研究法、GIS计算机辅助分析法等，计算机处理复杂的数据统计分析及图像生成等方面显示了极大的优越性。

美国的**理查德·哈格**（Richard Haag）用生态方法进行后工业景观修复设计，代表作西雅图煤气厂公园（Gas Work Park）设计体现了生态、文化及美学价值。哈格尊重自然及历史，完全利用工厂已有的资源进行取舍，例如大机器等工业遗存被视为大型的雕塑得以留存，反映科技的进步及历史记忆；把工业设备和车间改造成含艺术气息的服务设施、儿童游乐场所、餐厅、休息室等。工业弃置场地被改建成公园，资源再利用，既节能环保，还极大提升了土地综合效益。

① McHarg Wallace, Todd Roberts. Woodlands New Community-Guidelines for Site Planning［R］. Philadelphia, Pennsylvania, 1973：60–61.

德国的彼得·拉茨（Peter Latz）用生态思想和艺术语言进行景观设计。代表作为杜伊斯堡风景公园（Landscape park Duisburg-North-Industry），充分保留场地中的建筑物、构筑体、植物以及基本的空间结构，在展现工业文明的同时，充分调动参观者的积极性；通过有限的新元素对旧工业场景进行重新诠释，赋予旧工业基地以新的生机。该设计满足了居住、办公、就近休息运动、生态美等多功能需求，将建筑、艺术、生态、科技等融合，形成了综合的景观艺术模式。

美国的乔治·哈格里夫斯（George Hargreaves）受大地艺术家史密森影响，提倡景观设计应考虑生态原则、文化的延续和艺术的形式。代表作加州纳帕谷匝普别墅（Napa Valley Zapu Villa，1986）的景观设计是生态与艺术的完美结合。哈格里夫斯将两种高矮和颜色都不同的当地草种间隔栽种形成的同心圆环和波浪线如同精美的地毯，与地形和森林的起伏十分和谐；这两种草能留存降水且养护简单。坎伯兰公园（Cumberland Park）是由荒废的工商业用地改造后供人们休闲娱乐的城市公园，公园恢复了河岸，通过棕地整治、洪泛保护、雨水收集、提高生物多样性、诠释文化等方式，实现可持续性发展，为促进城市健康发展作出贡献。哈格里夫斯有意识地让自然演变纳入开放式景观系统内。

另一位美国人凯瑟琳·古斯塔夫森（Kathryn Gustafson）以艺术方式塑造地形和景观空间。尊重场地特征与历史文化内涵，借助自然材料以雕塑的形式与抽象的方式揭示土地特征，利用自然要素引发观者的感官体验，将人文设计与自然设计相结合，个人艺术风格与满足使用者需求、演绎历史人文与尊重自然环境之间实现平衡。代表作戴安娜王妃纪念喷泉（Diana, Princess of Wales Memorial Fountain, London, 2004）“项链”式的环形水渠，利用高差控制水流方向；通过水渠底面结构、水道轮廓及动力喷头等手段，使水流呈现出梯级（Steps）、摇滚（Rock and Roll）、山林小溪（Mountain in Stream）等水景，象征戴安娜的个性与不同的生命阶段，环形水渠开放包容的布局如其人亲切随和（图1-13）。

图1-13　黛安娜王妃纪念喷泉

四、批判的地域主义思想

1924年，美国科学技术史学家芒福德（Lewis Mumford）在其著的《枝条和石块——美国的建筑与文明》（*Sticks and Stone, American Architecture and Civilization*）中首次提出“地域主义”概念，系统地对地域主义进行深入反思。1980年，希腊建筑理论家A·楚尼斯（Alexande Tzonis）和L勒·费夫尔（Liane Lefaivre）在《网格与路径》（*Grid and Pathway*）中提出“批判的地域主义”一词，延伸了芒福德地域主义思想。

美国人肯尼思·弗兰姆普敦（Kenneth Frampton）在他的《走向批判的地域主义》（*Towards A Critical Regionalism*）、《现代建筑——一部批判的历史》（*Modern Architecture：A Critical History*）等著作里正式将批判的地域主义作为一种明确和清晰的建筑思维来讨论，其思想和方法主要强调地方和场所的特殊性要素；提出“批判的地域主义”主要包括：①历史分析；②肯定“场所精神”在建筑设计过程中的重要作用；③指出地形、气候、环境、光线等自然因素和建筑设计的重要关系，建筑构造法占地域主义思想的核心地位。

《走向批判的地域主义》提到阿尔托、博塔、西扎等欧洲建筑师，以及日本的安藤忠雄等从地方要素入手所进行的建筑实践；《现代建筑——一部批判的历史》列举了丹麦建筑师伍重（J.Utzon）、巴西的尼迈耶（Oscar Niemeryer）、苏黎世的E·吉塞（Ernst Gisel）、米兰的格里高蒂（Vittorio Gregotti）、奥斯陆的费恩（Sverne Fehn）、威尼斯的斯卡帕（Carlo Scarpa）和雅典的康斯坦丁尼迪斯（Aris Konstantinidis），认为他们是批判的地域主义建筑实践的建筑师。批判的地域主义强调景观以开放和发展的眼光去对待全球文明和地域文化，使得本土文化在景观发展的过程中得到进一步弘扬和体现。

第二章

景观物质要素

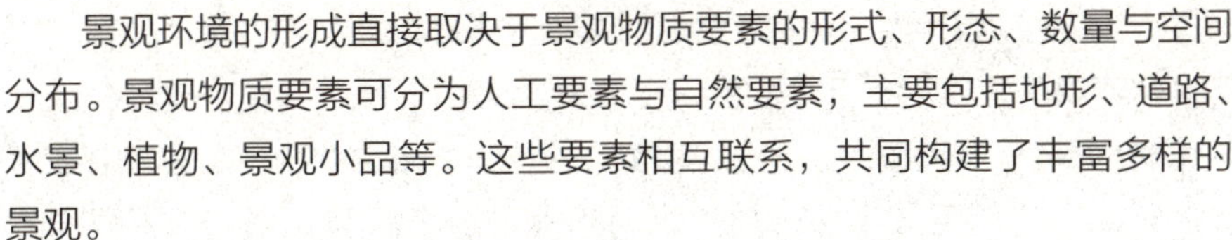

景观环境的形成直接取决于景观物质要素的形式、形态、数量与空间分布。景观物质要素可分为人工要素与自然要素，主要包括地形、道路、水景、植物、景观小品等。这些要素相互联系，共同构建了丰富多样的景观。

第一节 | 地形

地形在地理学上指地貌，测绘学上指地貌和地物的统称，具体指地面上分布的固定性物体共同呈现出的高低起伏的各种状态。地面高低起伏的形式称为地势。地形传达的信息反映该地区的空间轮廓、外部形态、美学特征以及一些设计要素。

一、地形概述

大自然中的不同地形会给人不同的视觉心理感受：平缓地形展现开阔；盆地凸显空间围合感；山顶可眺望远方，自身成为周边的视觉焦点。地形是景观设计的基础及要素。

1. 地形分类

按形态分，陆地可分为山地、高原、平原、丘陵和盆地五种类型，其间由于外力作用形成河流、三角洲、瀑布、湖泊、沙漠等。按规模分，有大地形（山谷、高山、丘陵、平原及草原等）、小地形（土丘、台地、平地等）、微地形（根据地表上的微弱起伏，或铺装材料不同质地的变化，又分为自然式和人工式）。美国设计师诺曼·K.布思（Norman K.Booth）根据地形的规模、特征、坡度、地质构造及形态等条件，将地形分为平地、凸地、山脊、凹地及山谷等类型。

2. 地形要素

地形要素主要指地表具有控制作用的点、线或面要素，包括地形因子（包括海拔、坡度、坡向和起伏度等）、地形特征点、山脊线、山谷线、沟沿线、水系、流域等。地形要素构成了凸、凹及平地形。凸地形有土丘、丘陵、山峦及小山峰等，具外向性、动态感等；凹地形有内向性、封闭感、私密感、聚焦视线等；平地形易产生轻松感、视觉连续性和统一感。山谷和山脊的大小和间距直接影响地形起伏节奏，形成陡缓、张弛不同的景观韵味。

3. 地形功能

（1）地形影响景观构型。

地形构成了景观的基本骨架。建筑、植物、水体等元素依托地形构成地貌景观，例如意大利台地园、法国平地花园、英国自然风景园、中国山水园模式等。

（2）地形控制景观视线。

地形能控制可视目标和可视程度。通过地形引导或遮挡视线可实现景观设计目标。例如挡住景物局部以达到引人入胜的效果，间接地创造了景观序列。地形可以作为背景来突出主景。景观竖向元素与地形对比，易聚焦视线，例如建筑及植物等元素在凸地形上能加强地形向上的动势，更易引导视线聚焦景物。地形还可以分隔和联系空间，利用地形高差创造景观的神秘感、激发游人的景观期待和前行探索的欲望，形成先抑后扬的景观效果。

（3）地形影响地表排水。

降水的地表径流量、流向、流速等都与地形有关。一般地表径流通过坡向排入汇水区。当降水量大、坡度大、地表障碍物少时，地表径流量大、流速快，严重时可能导致滑坡等灾害。

（4）地形影响环境因子。

地形因子如地形海拔、坡度、坡向、起伏度等变化，会影响日照、风向、降水、环境噪声等变化，从而导致地表养分和温度等差异。日照是形成地表生态条件的要素，通常阳坡的太阳辐射量、日照时数会多于阴坡。

二、等高线地形图

地面海拔高度相同的点连成的闭合曲线，垂直投影到一个水平面上，并按比例缩绘在图纸上，就得到等高线。不同高程的等高线落在地图上，就形成了等高线地形图。根据等高线地形图可以判读地表形态的一般状况。地形图通常绘有等高线、地界线、原有构筑物、道路及现存的植物等景观基础信息。

1. 等高线地形图信息

等高线，同线等高的闭合曲线，除了陡崖处，等高线不相交、不重合。在等高线地形图上，等高线的水平间距稀疏表示坡缓，密集则坡陡；内高外低表示凸地形，外高内低表示凹地形。等高线向高处弯曲的部分表示为山谷，向低处凸出处为山脊。山脊常形成分水岭，山谷常有河流发育而形成集水区。

2. 等高线地形图测绘

搜集资料、绘制坐标网格，确定参照点、比例尺、仪器校验等。然后选点测量，地形控制点主要选择地物、地貌的特征点。例如地物的轮廓转折点（如建筑、道路、植物等），地貌的地面坡度、方向变化点（如山脊、山谷线、最高、最低点等）。插入法可求任意点高程、坡度等，完成等高线平面图、剖面图（图2–1、图2–2）。

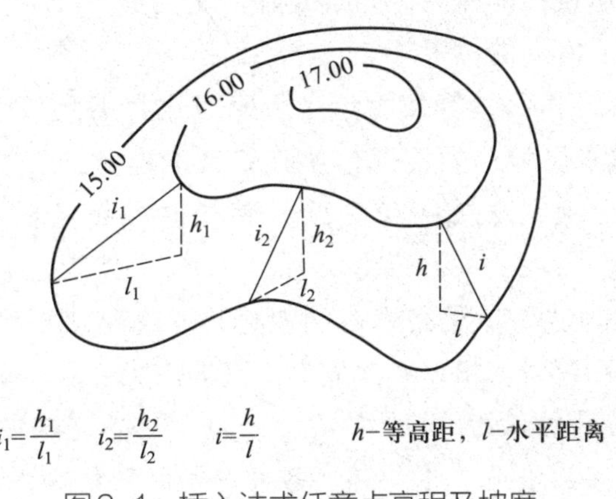

图2–1　插入法求任意点高程及坡度

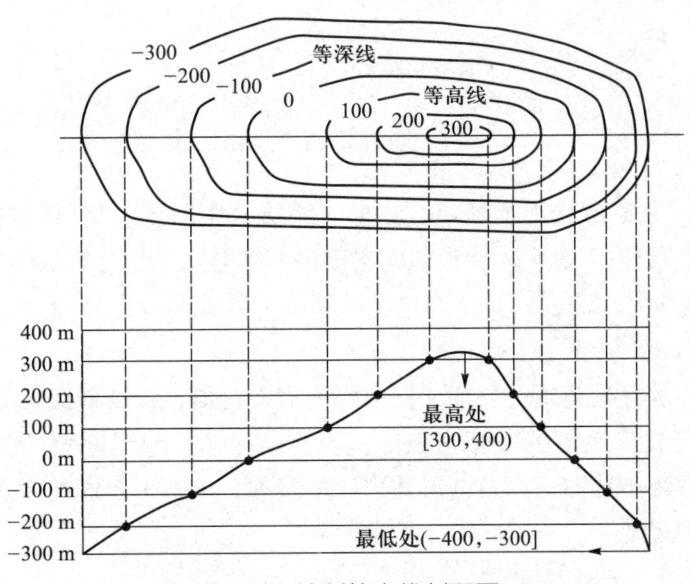

图2–2　绘制等高线剖面图

3. 等高线地形图的应用

（1）判断水系水文及气候特征。

褶皱山脉形成平行水系；山峰形成放射状水系；盆地形成向心状水系；山谷常发育河流；等高线密集，水能丰富，不利航行；河流流出口常形成冲积扇。

山地海拔较高，气温低；阳坡光热好，阴坡气温低、蒸发弱；迎风坡降水较多；盆地不易散热，易引起污染空气滞留。

（2）判断通视情况。

均匀坡、凹坡、地势高且无障碍物的地形通视情况好；凸坡通视情况差；景观点设置可以依据地形考虑视线的控制，如藏或显。

（3）选“点、线、面”的位置。

水库及坝址、港口和码头等作为点。水库应选择谷地或口袋形洼地或小盆地，确保有较大面积的集水区域；坝址选择峡谷处，工程量少、经济、安全系数大。港口和码头应选陆域平坦、水域阔深之处，避开含沙量大的河流，以免引起航道淤塞。

道路、管线等作为线。尽量利用有利地势，考虑路线短、平缓少弯、少穿山过河，以降低施工难度和建设成本，确保安全。高差较大处，一般沿等高线选线，注意坡度、居民点、耕地、河流等影响。

城乡规划、居民区、农业、工业区、各种开发区等作为面。宜选地形平坦开阔、地势稍高的安全地带，且交通便利，水源近，但能避免洪涝威胁；避开山前空地、陡坡以防泥石流、滑坡等灾害；远离污染源。平原区发展种植业，山地发展林业，丘陵种植茶、果等。

三、地形设计

地形设计应尊重自然山水规律，正如《园冶》中所说：“就低挖池，就高堆山，虽由人作，宛自天开。”意大利台地园闻名于世，亦是水系结合台地跌落，美观有序。

1. 设计原则

（1）因地制宜，造景有度。

深入寻找和勘察最合适的场地，提取场地潜在价值，让场地启发规划方式。大自然能为设计者们提供更多的灵感与想法。功能设计结合地形地貌，强调场地的适宜性，景观与场地环境和谐适当营造形式多样的景观，丰富了景观空间效果，提升地形的实用性以及美观度。

（2）利用为主，改造为辅。

充分利用原地形，因势利导设计景观。适当通过地形设计改善局部气候条件。例如，在夏季为了实现改善通风条件、降低温度的目的，可以通过微地形设计引导风向，也为后续排水、雨水收集工作的开展创造有利条件。

（3）填挖结合，土方平衡。

尽量降低土方外运量，填挖方有效平衡。实现《林泉高致》中的“山得水而活”“水以山为面”的山水格局。

2. 不同地形的设计

地形设计的主要任务是确定地形坡度与标高、明确功能和造景需要、确定排水系统、确定土方，地形设计需考虑用地的实际情况。

（1）平地形设计。

平地形特征：①限制性小；②缺少私密感；③无焦点；④缺少第三维，易单调，缺乏人的尺度；⑤舒适、踏实、稳定、平衡、开阔空旷、暴露，无封闭性。

平地形适于广场、露天剧场、运动场、停车场，布置花坛群、草坪等。挖湖堆山时，平地可作为山水间的过渡。平地形设计可通过植物构建丰富的天际线、林冠线等；还要考虑排水，明确集水位置、面积、排水去向等（图2–3）。

图2–3　空间和私密性的建立依靠地形的变化和其他因素的帮助

（2）坡地设计。

要考虑排水、车行与人行对坡度的要求，设计动态的景观视野、利用高差设计水景等。地形复杂区域可考虑建造自然公园（表2–1）。

表2–1　各类地表的排水坡度（坡度参考《公园设计规范 GB 51192–2016》）

地表类型	草地	运动草地	栽植地表	铺装场地（平原地区）	铺装场地（丘陵地区）
最大坡度/%	33.0	2.0	视土质而定	1.0	3.0
最小坡度/%	1.0	0.5	0.5	0.3	0.3
适宜坡度/%	1.5~10.0	1.0	3.0~5.0	—	—

缓坡（3%~10%）：可配置疏林草地、风景林、小水体等。

中坡（10%~25%）：道路应设计梯道、护坡；设计小型建筑、溪流、风景林。

陡坡（>25%）：配合梯步，利用岩石、植物护坡；注意滑坡甚至塌方的可能性。中间可适地设计缓冲地，可用挡土墙呈梯田状景观。

（3）微地形设计。

微地形设计时，要尊重自然、模拟自然地形起伏错落的韵律，力求造型优美、起伏较小、利于排水，增强雨水滞蓄和渗透，平衡土方，丰富景观层次要素，增强景观的生态性、自然性、趣味性、艺术性。注重营造公共游憩空间的丰富性和多样性，设计场所要节奏分明，能承载游人的多种活动（图2-4、图2-5）。

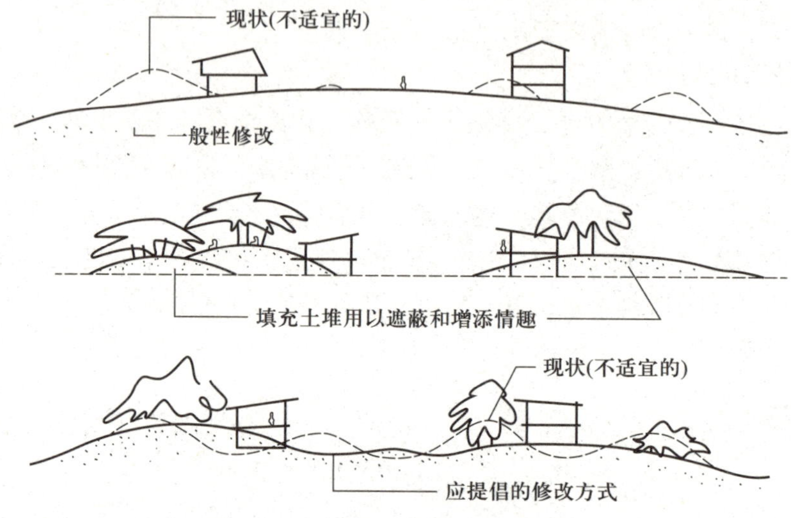

图2-4　微地形设计方案的比较（参考网络资料绘制）

图2-5　曲线型微地形配置植物使景观自然化

曲线型微地形：用柔和流畅的曲线来模拟地形地貌，营造自然倾斜的风景。

直线型微地形：用直线营造出层层叠叠、波澜起伏的地形地貌。干湿季功能可变。

3. 置石与假山造景

置石造景可分为以下几种类型。

特置：单块山石立置，主景，如留园的冠云峰。

散置：攒三聚五、散漫理之，无定式，如廊间、墙前、山脚、山坡、水畔等。

群置：山石成组配置，有主次、聚散、立卧、呼应关系。

假山可分为石山、土山和土石山。古典园林中常见叠石掇山。土山和土石山常见于较大型园林中，如北京北海公园、颐和园中多见。土山和土石山注意坡度控制，可设计成“横看成岭侧成峰，远近高低各不同”的景观效果，未山先麓，脉络贯通；左急右缓，起伏有序；主客分明，顾盼呼应；山水相依，山北水南。

建筑材料也可塑造假山。一般采用石粉及细石渣（3毫米）等原料，以树脂胶结，注模成型。可混凝土加色，内配筋，仿岩石的质地纹理，如北京动物园海洋馆表演场中的假山。

第二节 | 道路

道路具有复合性功能，不仅承载着物与人的交通活动，还是景观的视觉走廊，展示景观的文化品质和风貌。道路能建构景观的网络系统，组织空间、引导游览、交通联系、提供休闲场所及排水等，景观道路还装饰环境、反映人文精神、呈现地方特色、凸显艺术美与生态性、承载环境的历史与记忆，满足人们对环境美的追求。

一、道路概述

1. 道路分类及路网形式

（1）道路分类。

道路是地面上供通行的基础设施，可拓宽成场地，转型为廊，有盘山道、磴道、石级、桥、堤、步石、汀步等多种形式。广义上也包括水路。按道路使用特点分为公路、城市道路、乡村道路、厂矿道路、林业道路、考试道路、竞赛道路、汽车试验道路、车间通道以及学校道路、公园绿地道路等。

（2）常见路网形式。

常见路网形式如图2–6所示。

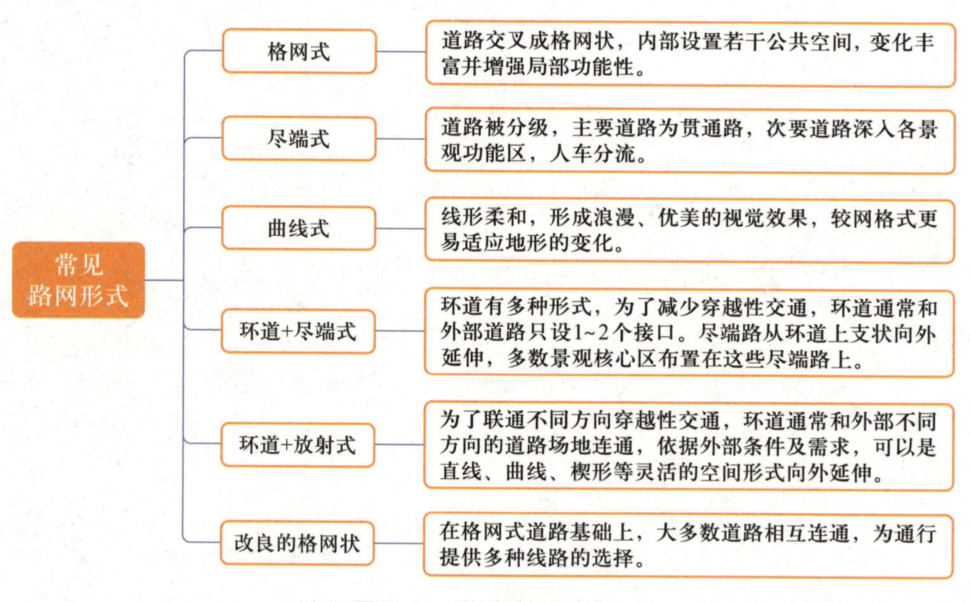

图2–6　常见路网形式

2. 设计原则

道路设计除了要考虑通用性、科学性、安全性，还要考虑以下几点。

（1）连通安全。

道路的连通性是景观空间活力与通行方便的重要保障，设计还要考虑如何避免外部交通的干扰，保障各景观功能区交通的安全。

（2）合理分级。

对于有一定用地规模的景观区域而言，内部道路的分级有助于交通的组织与疏散，也利于增强空间领域性，明确内外有别。景区边界的外部道路应简洁流畅，有利于快速疏散出入景区的人流和车流。

（3）以人为本。

一般景观区域属于低速交通环境，尤其人流量大的区域应以人行为主，保证环境安全与活力。低强度开发区人流量少，没有特殊要求时，可适当人车混行。

二、道路平面线形设计

在路网总体布局的基础上，进行各级道路的定线以及平曲线、横断面、面层结构和铺装设计等。设计应与地形、水体、植物、建筑物、铺装场地及其他设施相结合，满足交通和游览需要，形成连续的风景构图；有序展示前方景物；道路的转折、衔接应通顺。

1. 道路定线

道路定线的基本任务是选线布局，涉及面广，技术要求较高。定线除受地形、地质、地物等因素限制外，还要受技术标准、国家政策、社会需求、道路美学、风俗习惯等因素的制约。道路定线应统筹考虑沿线景观与城乡绿地系统规划、生态环保规划紧密结合，综合考虑平面、横断面、纵断面三方面的合理设计，定出道路中线的确切位置。根据道路的功能、性质确定路幅宽度或横断面布置及道路红线。山地或景观中道路网多采用曲线式布局，交通干道多沿着谷地或较平缓的山岗、较开阔的阶地布置，其走向尽量与等高线平行。建筑物旁道路布设应有利于建筑布局和出入口设置。阶地之间如需次干道联系，必须注意道路起讫点高差。道路设计应考虑总体景观效果，包括道路宽度、线形、绿化、路边建筑、小品、广告、夜景照明以及其他设施的美学要素设计，以增加使用者出行的乐趣体验。

2. 道路横断面

道路横断面与道路走向的中心线垂直。不同道路横断面的组成有所不同，例如公路横断面主要由车行道、路肩、边沟、边坡、绿化带、分隔带、挡土墙等组成；城市道路横断面主要由车行道、人行道、路缘石、绿化带、分隔带等组成。道路上供一列车队安全行驶的地带称为一条车道，一般宽度3.5米（图2–7）。

平曲线是道路平面路线转向处的曲线总称，包括圆曲线和缓和曲线。平曲线可分为同向和反向两种。通行机动车的主路最小平曲线半径应大于12 m（图2–8）。

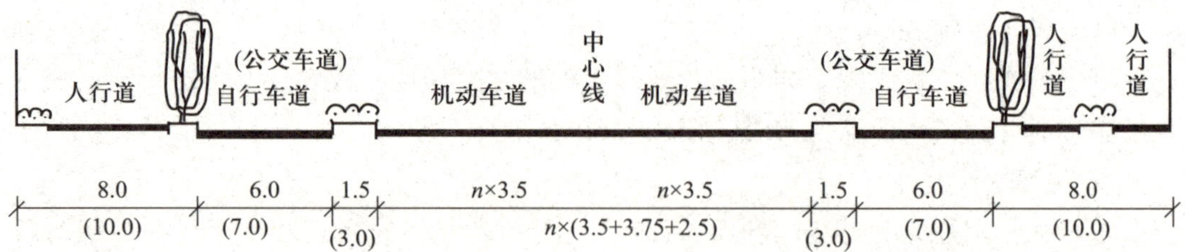

图2-7 常见城市主干道构成，为保证排水，横断面由路中心线向两侧坡降 单位：m

图2-8 北京万寿公园平曲线设计

3. 路面结构层

路面结构层是指构成路面的各铺砌层，按其所处的层位和作用，主要有面层、基层和底基层。面层直接承受行驶荷载等反复作用，同时受到降水和气温变化的影响，最直接地反映路面使用性能。因此，面层应具有较高的结构强度、刚度和高低温稳定性，具有较高的耐磨、抗滑和平整度。道路等级越高、设计车速越大，对路面抗滑性、平整度的要求越高。高等级道路面层所用的材料主要有沥青混凝土和水泥混凝土等。

4. 铺装

铺装是运用硬质的天然或人工材料来装饰的路面。景观设计的铺装主要见于道路、活动场地、建筑地坪等。铺装具有功能性和艺术性。铺装材料的色彩应与周围环境协调，材料质地会传递各种视觉和触觉感受，纹样形式可以美化环境、丰富景观（图2-9至图2-13）。

图2-9　颐和园主路“花岗岩+透水砖”路面

图2-10　紫竹院公园“透水砖+青石”路面

图2-11　北京市海淀公园“彩色+灰色沥青”路面

图2-12　天安门广场西侧花岗岩路面

图2-13　悉尼海港附近景点多种材料组合的铺装设计

三、道路纵断面设计

道路纵断面是沿道路中心线纵向竖直剖切形成的立剖面。它表达了道路沿线的起伏状况。根据道路的性质、等级、沿线地形地物状况、气候、水文、土质条件以及排水要求，确定道路的走向、纵坡大小和沿线各点的标高，尤其是变坡点位置和标高。变坡处应设计竖曲线，可能还涉及计算桥涵构筑物的高度。

1. 道路纵坡

道路纵坡必须考虑各种机动车辆的动力要求、非机动车行驶要求、人行的要求、自然条件的影响、沿街建筑物的布置与地下管道敷设要求等。应符合现行的行业标准《城市道路工程设计规范 CJJ 37—2012》《公园设计规范 GB 51192—2016》《无障碍设计规范 GB 50763—2012》的有关规定，必须保证人和车辆能安全出行，上坡顺利，下坡不致发生危险。为了保证行人和行车安全，纵坡宜缓顺，转折处尽可能用较大半径竖曲线衔接。

（1）道路纵断面要求。

主路不应设台阶；主、次路纵坡宜<8%，同一纵坡坡长不宜>200米。

主、次路纵坡超过12%应作防滑处理；积雪或冰冻区道路纵坡≤6%。

支路和小路，纵坡宜<18%；纵坡>15%时，路面应作防滑处理；纵坡>18%，宜设梯道；与广场相连接的纵坡较大的道路，连接处应设置纵坡≤2%的缓坡段；

自行车专用道的坡度宜<2.5%；当≥2.5%时，纵坡最大坡长应符合现行行业标准《城市道路工程设计规范 CJJ 37—2012》的有关规定。道路应便于轮椅通过，其宽度、坡度及面层材料的设计应符合现行国家标准《无障碍设计规范 GB 50763—2012》的有关规定。

（2）梯道设计要求。

台阶踏步数应≥2级；纵坡>50%的梯道应作防滑处理，设置护栏。梯道净宽宜≥1.5米；梯道每升高1.2~1.5米，宜设休息平台，平台进深≥1.2米，特陡山地宜根据具体情况增加台阶数，但宜<18级；梯道连续升高>5.0米时，宜设置转折平台，且转折平台的进深宜≥梯道宽度。道路在地形险要地段应设置安全防护设施。

（3）道路横坡。

以1.0%~2.0%为宜，宜≤4.0%；降雨量大的地区，宜采用1.5%~2.0%；积雪或冰冻地区道路、透水路面横坡1.0%~1.5%为宜。纵、横坡坡度不应同时为零。

（4）最小纵坡。

最小纵坡是能适应路面雨水排除，避免雨水管道淤塞所必需的坡度。道路排水方式有明沟、暗管、混合式等。纵坡应根据当地降水量大小、路面类型及排水管道直径大小而定。一般为0.3%~0.5%（表2-2）。

表2-2　不同类型路面最小纵坡限制值

路面类型	高级路面	料石路面	块石路面	砂石路面	湿陷性黄土
最小纵坡/%	0.3	0.4	0.5	0.5	>0.5

2. 竖曲线设计

竖曲线是指为了使路线顺适，行车安全平稳，路容美观等，在路线纵坡转折处设置的缓和曲线。有凸形和凹形竖曲线，常设计成抛物线形和圆弧形等。道路纵断面设计应与相交道路、广场和沿街建筑物的出入口有平顺的衔接；尽量使土石方平衡及减少土石方量，保持原有天然稳定状态；旧路改建宜利用原有路面，排水良好；设计必须满足地下管线最小覆土深度要求。

第三节 | 水景

水体景观即水景，一般包括自然的湖泊、瀑布、溪流、河渠池塘等，人工的水池、喷泉、跌水等。水无定态，随其载体实现形态。人类具有亲水本性，水表现出的自然、财运等吉祥寓意也极具吸引力。

一、水体概述

水体对支撑社会发展和维护自然生态环境具有重要作用。水体不仅是重要的生活用水和工农业用水，还有排水蓄水、减灾、避灾、交通运输的重要功能，更是难得的自然景观资源。

1. 水景功能

水景能增加环境生机、灵动的意境，美化环境，联系其他景观要素避免景观结构松散，也有观赏和娱乐、净化空气、调节微气候、增强环境舒适性、为水生动植物提供生境的作用，是城市生态环境要素。

2. 水景类型

（1）水景依据形态可分为自然式和规则式。

自然式：河、湖、溪、泉、瀑布等。

规则式：池、喷泉、壁泉、跌水等。

（2）水景依据人的视听觉感官体验可分为运动式和平静式。

运动式：溪、渠、瀑布、水帘、壁泉、水幕墙等；喷涌的喷泉、涌泉等。

平静式：水面处于接近静止状态，例如湖泊、水池等（图2-14）。

二、水景设计

水景造价及维护成本较高，水景设计需要谨慎考虑大小、深度、循环、净化排放等一系列问题，避免一味追求大气美观而忽略了后期维护问题。

1. 设计原则

水景设计应坚持因地制宜的基本原则，还要坚持安全、经济、生态、艺术和互动性等基本原则。另外依据条件要求，应重点考虑以下两点。

（1）生态和景观结合。

以自然河岸形式结合复层绿化为主导，模仿天然水景构建的稳定、协调、宜人的水生态系统。其表现形式有生态池塘、人工湖、溪流以及生态湿地等。生态水景具有丰富的生物多样性，能最大限度地让人感悟自然、融入自然。

图2-14　平静的水面具有景观的基面作用和观赏性

（2）兼顾水体、岸线和滨水空间三个层面的功能协调。

自古人们就向往“依山傍水、择水而憩”的理想环境。滨水空间是与水体毗邻的、自然环境类型最为丰富的地域；岸线是过渡带；水体与前两者为景观塑造、休憩娱乐场所供给等提供基本条件，发挥多种功能，从而提高观光者的旅行体验。

2. 水位设计

结合相关资料进行基地考察、分析与评价，确定水体功能及相应的水位。受人为控制的水体如景观水体据其功能确定控制常水位和最高水位，水位变化应≤0.5 m；不受人为控制的有防洪要求的水体，应据历史资料明确设防水位、警戒水位和确保水位。

3. 传统理水手法

中国传统理水手法重在沟通水系，明代计成在《园冶》中道：“高方欲就亭台，低凹可开池沼；卜筑贵从水面，立基先究源头，疏源之去由，察水之来历。”忌水出无源，或死水一潭（图2-15）。

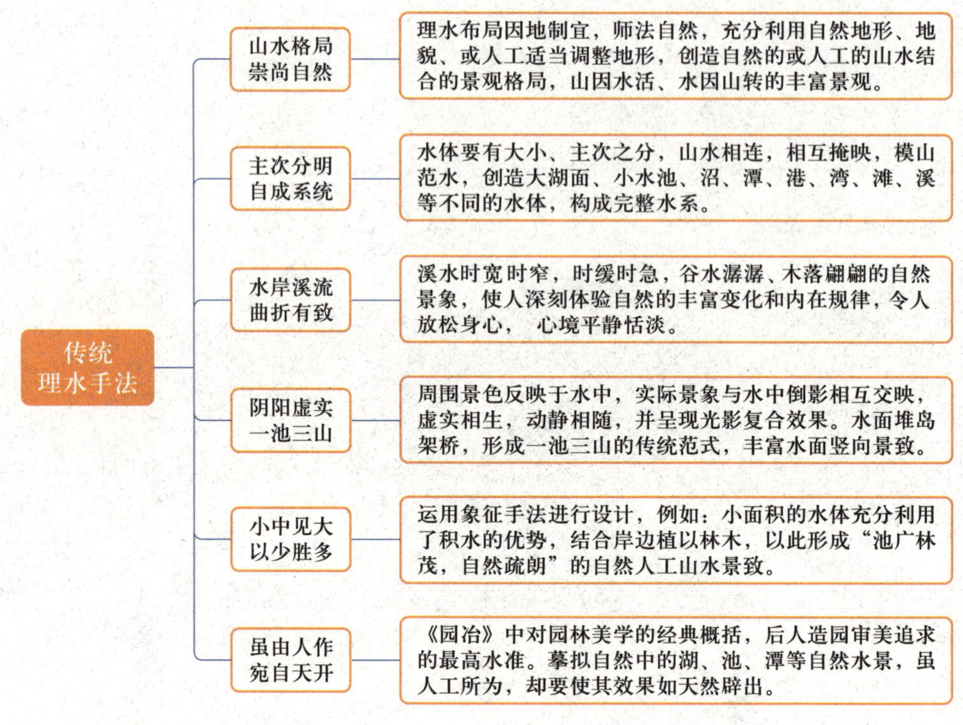

图2-15 传统理水手法

4. 传统水景范式

传统园林无水不园。常见引水入园、挖地成池，模山范水，追求诗情画意，寓意人生哲理。园中空间，贵在层次，水景亦如此。可造桥或筑堤，既是交通之需，又分隔水面空间，水曲因岸，水隔因堤。传统水景范式还表现在以下方面。

（1）水聚则旷，汪洋之感。

如果水体本身不大，而想小中见大，则尺度是关键。水面应以聚集为主，水边建筑或山石体量不宜太大。

（2）水散则奥，不尽之意。

如果水体不大，可将水面分成小块、狭带，曲曲折折，时隐时现。创造“不尽之意”的艺术效果，也别有情趣。例如苏州拙政园西部水体因地制宜地分成了多个水面等，大小、宽窄、曲折无尽，变化丰富、幽深奥妙。

总之，水景最怕不旷不奥。通常传统水景范式中还表现在水的聚散相依。例如苏州留园中心水景构建“一池三山”范式，较大的池面中设小蓬莱岛，以小岛喻神仙，以水池喻大海，有汪洋之感。西部水景再现了《桃花源记》的景致：“缘溪行，忘路之远近。忽逢桃花林，夹岸数百步，中无杂树，芳草鲜美，落英缤纷。”水面有无尽之意（图2-16）。

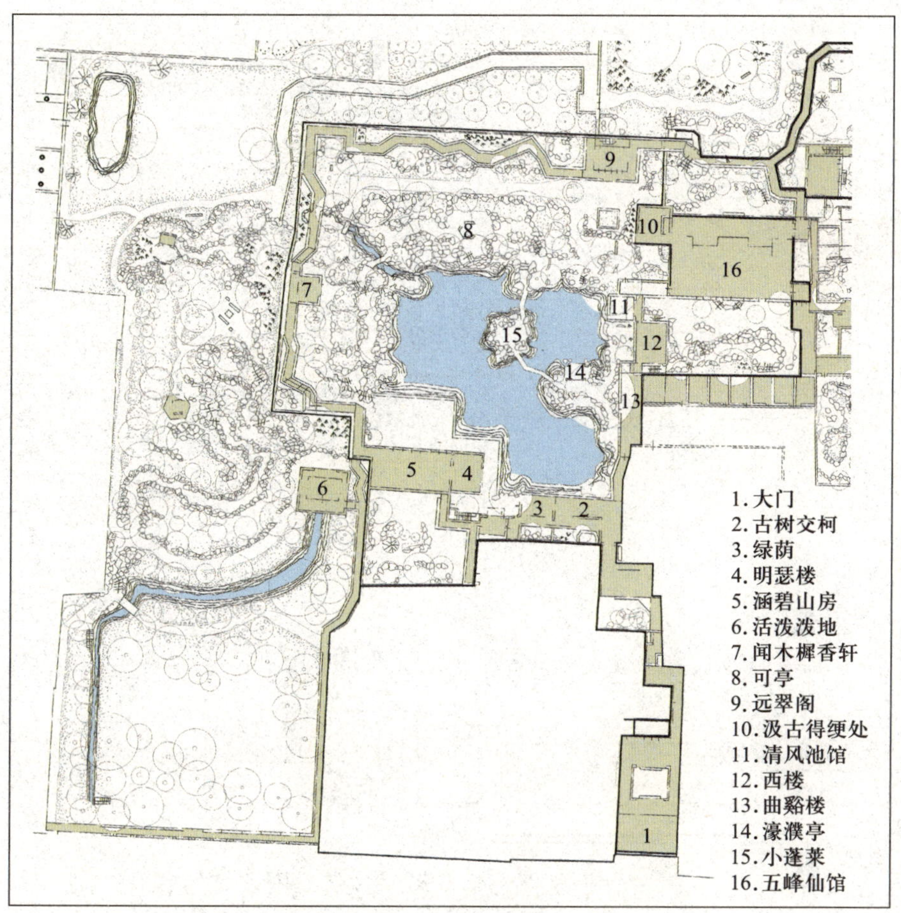

图2-16　留园水系平面图

三、水景工程

水景工程主要分为静水工程和动水工程。静水工程包括水池、人工湖等；动水工程包括流水工程、落水工程（跌水、瀑布、叠水等）、喷泉工程、水闸工程等。

1. 设计要点

水景工程设计要点见图2-17。

2. 水池设计

人工水池依据功能可分为观赏性水池、儿童戏水池、养鱼池、游泳池、水生植物池、生态水池等。水池可以结合喷泉、瀑布、跌水等进行综合设计（图2-18）。除生态水池外，水池池底与池壁应形成整体，防止渗水。水池设计应综合考虑形式、材料选择及维护管理、清洁的便利性等方面。儿童戏水池深度不得超过0.3米，池底必须进行防滑处理。

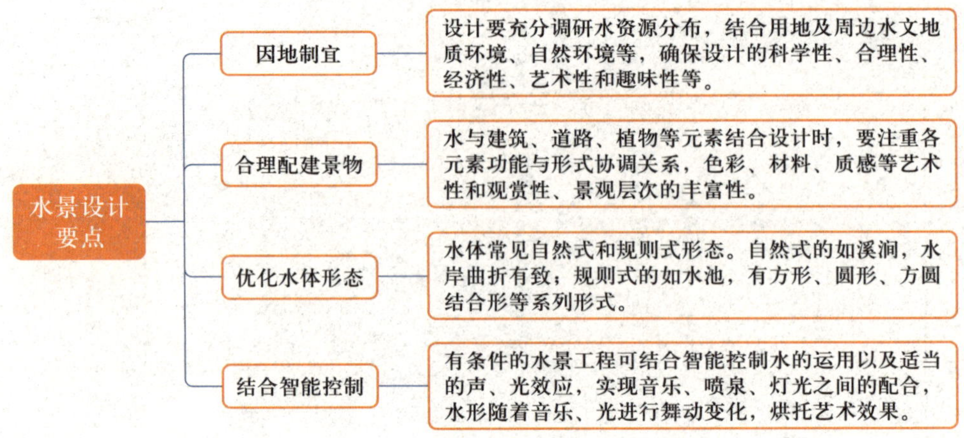

图2-17　水景工程设计要点

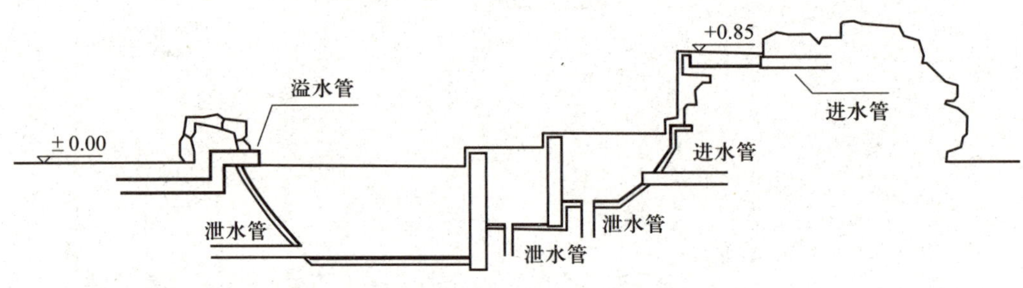

图2-18　水池一般要设计进水、溢水、泄水口和管线，有的设计要求循环用水设施　单位：m

生态水池美化环境、调节小气候，可供人观赏，可放养观赏鱼、水生植物，形成动植物共生的生境。通常按照动植物的数量、种类确定水池深度为0.3~1.5米，为保护水中动植物，池面和水面间应设计高差，池壁和池底应平整。

人工湿地是基于自然湿地生态系统中物质迁移转化的原理，由人工建造和运行的生态型污水处理“绿色”工程。国家相关设计规范、手册中按照水在湿地内的流动特征，将人工湿地分为表流（FWS）、水平潜流（HSSF）和垂直潜流（VF）三种基本类型。FWS人工湿地最接近自然湿地系统。在海绵城市建设、径流污染控制、湿地公园建设中，常要求人工湿地具有生态景观效果。

3. 动态水景

动态水景包括流水、跌水、瀑布、壁泉、溢流、喷泉等形式。自然流水一般呈线形，流经不同区域可形成生态廊道，水位变化较大，对驳岸冲刷侵蚀。河流在流速快、流量大时，会破坏并掀起地表物质，形成侵蚀地貌和堆积地貌。人工流水设计可模拟自然流水形态（图2-19）。

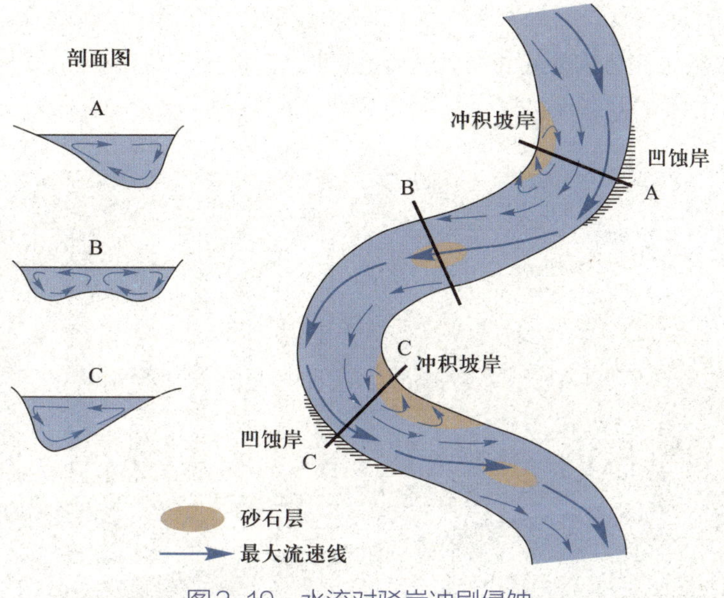

图2-19　水流对驳岸冲刷侵蚀

跌水的承水面为阶梯状，水流呈瀑布式跌落。喷泉使人体验到水花四溅的美感。喷泉主要包括普通装饰性喷泉、人工智能造景喷泉等。多数喷泉是在水底固定水泵，借助水管和喷头形成多种喷水形式，射流稳定平滑和水形美观（图2-20）。

图2-20　美国芝加哥白金汉喷泉跌水景观（格兰特公园中心）

4. 驳岸

驳岸是保护岸或堤使不坍塌的构筑物。按形式分为规则式（垂直驳岸、阶梯形驳岸）、自然式（沙、石坡、植物坡岸等）。驳岸设计应考虑岸面与水面的高差、坚持景观整体性、地域性、结构稳定性、美学观赏性、良好生态性等原则。提倡模拟自然，岸上可设置滨水区、生态保护区等，营造亲水空间景观（图2-21至图2-22）。

图2-21　北京海淀公园的河流景观

图2-22　苏州奥林匹克中心的亲水空间景观设计

注意：河道拉直，会提高流速，造成许多深槽、浅滩、沙洲，河漫滩消失，严重影响水际和水生栖息地。河道硬化，会破坏河岸间水文和生态的联系，降低河岸生物的多样性。若条件合适首选自然式驳岸，土工袋、自然土质、天然石料铺筑；不同驳岸的连接应协调，岸线模拟自然水岸。注重乔灌草搭配、季相变化，建立复层结构，并注意与其他要素的配合。

第四节 | 植物

植物为其他生物提供了赖以生存的栖息和繁衍后代的场所。植物具有光合作用、呼吸作用和蒸腾作用，植物能固碳释氧、调温增湿、杀菌驱虫、滞尘降噪、增加空气负离子，还具有怡情养性、美化环境、营造宜人生活交流场所等社会功能。自然界中的植物主要以种群和群落的形式存在。每个植物群落都有自己的外貌、结构特征和动态变化规律，包括季相变化和演替。

一、植物概述

1. 形态结构

植物形态学把植物体及其各器官的结构、特征、性状和质地分成许多形态学类型，并进行科学的定义，以便正确识别和运用植物。一般植物具有根、茎、叶、花、果等器官。识别植物形态特征是景观设计的基础。

2. 植物分类

植物分类是把各种植物进行鉴定、命名并按系统排列的重要手段，植物分类便于认识、研究和利用植物。“种”是植物分类的基本单位。植物按观赏部位可分为观花、观叶、观果、观茎等，按性状分为乔木、灌木、藤本和草本等。

二、设计影响要素

植物景观设计影响要素在宏观上由基地的气候、土壤、文化（包括美学）、建设规划（包括空间）等组成，这些影响要素具有复杂性和系统性特征。

1. 基地气候

由于接收太阳辐射的强弱不同，地球上会形成各种气候带，主要分为热带、亚热带、温带、寒带。每个气候带气候特征各异，并有适合这种气候生存的动植物。我国幅员辽阔，地形结构复杂，大部分地区为季风性气候，冬冷夏热、冬干夏湿，如北京地区属典型的温带季风性气候，四季分明。植物景观设计要考察基地的具体气候条件及特点，以选择乡土植物材料为主。

2. 基地土壤

土壤是生态系统中物质与能量交换的重要场所。肥沃的土壤能满足植物对水、肥、气、热的要求，是植物正常生长发育的基础。土壤具有物理、化学性质和密实度，土壤的物理性质表现在土表层物质中，由各种颗粒状矿物质、有机物质、水分、空气和微生物等组成。化学性质的综合反映是土壤酸碱度，直接影响土壤肥力。土壤的透气性、排水和持水能力受土壤密实度制约，影响植物生长。

3. 基地文化

人与自然相互作用逐渐形成的植物文化表现形式丰富，如植物崇拜、植物图腾、植物宗教、植物象征、植物禁忌等至今尚存。如墨西哥的印第安人有“世界生命树”的崇拜，杭州曲院风荷、北京香山红叶等著名的植物景观已经和城市的历史文脉紧密联系。人们还对不同植物寄托一定的思想感情和象征意义，甚至将植物人格化。例如人们认为橄榄（Canarium album）枝象征和平；梅、兰、竹、菊为“四君子”，松、竹、梅为“岁寒三友”，象征友谊和节操；再如颐和园知春亭旁柳芽吐绿，象征春天和生命，乾隆借春提醒自己施仁政（图2-23、图2-24）。

国树、国花是一个国家、民族文化和精神的象征，反映了国民对国家的热爱和浓郁的民族感情，并可增强民族凝聚力。市树、市花的象征意义也上升为城市文明的标志和文化象征，如广州市树木棉，北京市花月季等蕴含浓郁的文化气息。

三、设计原则

植物具有观赏、生态、经济、人文、医学、艺术审美等多方面价值。植物景观是植物表现的形象在人脑中的反映和由此产生美的感受和联想。植物景观作为一种视觉

图2-23　北京颐和园的乐寿堂前庭院配置玉兰和海棠寓意“玉堂富贵”

图2-24　北京颐和园的知春亭配置山桃垂柳营造“知春”意境

形象，既是一种自然景观，又是一种生态景观和文化景观。

1. 科学性

植物景观设计必须明确植物是有生命的材料，与其他建设材料不同，既要考虑植物间的生活关系，还要考虑植物与环境间的生态关系。植物配置应注重植物本身的生态习性和观赏特征，以及植物间或植物与环境间生态和视觉上的和谐关系。

2. 文化性

景观设计经常会通过植物反映人文内涵、象征品格、历史精神，以提升环境的文化品位，使不断演变的历史文脉持续传承。植物常常成为人们歌咏赞美的对象，并成为诗词、歌曲、绘画、雕塑等艺术形式的表现题材，如梅兰竹菊是中国画重要题材之一。宗教与植物也有密切的关系，如与佛教有关的“五树六花”；与基督教有关的无花果、葡萄、橄榄、苹果等。

3. 艺术性

随着现代文明的进步、城市的发展，人们对工作和生活环境的改善有了更高的要求。可充分发挥植物的生态功能以及自身形态、线条、色彩等创造自然美景观，通过配置植物的花、果、叶、枝等，形成缤纷美丽的画面，使人体验舒适优美的环境。优美的植物景观能使环境充满生机活力，并令人流连忘返。

4. 实用性

良好的植物景观设计有助于形成良好的环境意象、提高生态效益和经济效益等。如多姿多彩的植物景观对游客具有无穷的吸引力，“最美人间四月天”，樱花、杏花、桃花、梨花等渐次绽放，各地的“赏花节”即是通过丰富多彩的植物配置吸引游客，既优化环境，陶冶情操，又带动相关产业发展，为当地提供经济效益。

5. 地域性

经过长期的自然选择及物种演替后，对某一特定地区高度生态适应的植物种类，可称为乡土植物。乡土植物体现了一个地区植物区系的特色和地域风情。如棕榈是南国风光的典型代表，白桦则是东北林区的典型植物。乡土植物在生态、景观、经济等各方面都具有较强的优势，植物景观设计中提倡运用乡土植物。

四、设计步骤

设计是一项积极主动的研究活动，需要设计师能动地解决问题。依据现状分析提出设计意向，制订严谨的计划，增强设计工作的系统性和设计成果的可判定性。计划内容包括现状调研及项目分析、初步方案论证、方案完善直至提交。

1. 设计构思

设计构思是分析各种影响因素与提出策略的过程。需要在“问题确认、分析、对策方案”整个流程的基础上，重点研究相关资源、技术经济、社会文化等方面的可行依据，探索适宜的设计方案。可行性论证是对方案的事前监控，是不可逾越的阶段。“方案能否在实践中运用？能否解决现实问题？”作为审视、考察和评价设计方案可行的基本标准。设计师应重点关注方案的逻辑性、科学性、可操作性和合理性，以获得实践者的认可、相关学科的认可。

2. 艺术布局

艺术布局中应运用艺术规律，重点考虑统一与变化、均衡与稳定、比例与尺度等艺术法则。如统一与变化可通过调和与对比、韵律与节奏、主从与重点等不同方面表现。北京植物园碧桃园景观设计主次明确，重点突出，错落有致，背景栽植密度宜大，形成绿色屏障，力求色彩和形式上都能衬托主景碧桃（图2–25）。

3. 总体设计

总体设计应在满足生态可持续的基础上，运用艺术规律创造主题突出、舒适优美的景观环境。根据人的视觉特性处理观赏点与景物的关系，使景物在特定空间里获得良好的观赏效果。

（1）因地制宜 因材制宜。

满足生态要求，以乡土植物为主，因地制宜，注意季相变化。运用植物芬芳创造景观魅力，多项研究表明，沁人心脾的树香、花香，可以提高人们兴奋性，减弱疲

图2-25　主从与重点：北京植物园桃花节期间以碧桃为主景的植物配置

劳，改善情绪，甚至作用于免疫系统，帮助人们抵抗疾病。

（2）疏密有致 营造空间。

植物景观设计应充分考虑各种植物的生态习性、生物学特性及观赏性，并突出主体。设计建议模仿自然生态群落，高低错落、疏密有致，例如人流密集之处以赏景为主，采用开朗空间，组织透景线，植物配置宜疏、宜透，可利用疏林、草地、花架等划分空间。植物可建构多种空间，如开敞性、半开敞性和封闭性等。运用借景、框景、漏景、夹景等手法，营造“步移景异，时移景异”的空间效果。

（3）轮廓优美 韵律动感。

设计韵律优美的林缘线、林冠线，基于总体设计组织丰富多彩的景观轮廓线。轮廓线设计力求有起伏、曲直，具有优美动感。可以重复，有韵律，例如行道树景观形成富有韵律节奏的连续画面（图2-26）。

（4）植物造景 关照体验。

植物是景观中最富动态美的元素。春夏植物萌芽长叶，形成较为闭合、私密的空间，给人私密、隔离和亲切之感，在一定程度上激发人们的正面情绪和赏景游玩的兴致。秋冬植物枝叶凋萎，形成较为开敞、疏离的空间，让人感觉空旷和肃穆，会加重人们的消极情绪，设计应积极引导。运用植物设计跌水清音、鸟语花香的丰富景观，能令人身心愉悦。丰富的植物群落可以为鸟类等其他生物提供生存环境，而鸟类等生物的形态、动作和声音会使人兴奋，心情放松（图2-27）。

图2-26　北京颐和园中道路两侧韵律优美、层次丰富的植物景观

图2-27　北京玉渊潭公园的秋季景观

第五节 | 景观小品

《中国大百科全书》定义景观小品是供休息、装饰、照明、展示、健身、游戏和方便管理及游人之用的小型景观设施。景观小品一般体量小巧，造型别致，富有特色，讲究适地时宜，点缀空间，美化环境，丰富情趣。

一、概述

景观小品与其他的景观物质要素相比，在造型、色彩、形式上更加丰富，具有艺术装饰、区域标志、经济实用等功能，常常是公共空间景观的点睛之笔。

1. 分类

景观小品依据功能性及艺术性可分为建筑小品、雕塑小品和其他设施小品等。

（1）建筑小品。

建筑小品是城市空间与城市文化的重要标签，能折射出社会历史人文、风俗习惯和美学现象等方面的内容，影响着城市的品位。建筑小品以其丰富多彩的内容和造型活跃在各类景观空间中。常见的建筑小品有小型亭、花架等。

（2）雕塑小品。

雕塑类小品是景观丰富文化内涵表达的载体之一，是在特定环境中，利用石、木、泥、金属、新技术材料等创作反映历史、文化和思想追求的艺术品，有抽象、具象等类型，题材广泛，有人物、动植物、各种造型事物等。

（3）其他设施小品。

其他设施小品包括①供休息性小品，如各种造型的椅、凳、桌等；②装饰性小品，如花钵、饰瓶、日晷、景墙、景窗、栏杆、花坛绿地的边缘装饰等；③结合照明的小品；④展示性小品，如各种导游图板、指示牌、景点说明牌、布告板、阅报栏、画廊等；⑤服务性小品，如饮水泉、洗手池、公用电话亭、废物箱等；⑥游戏设施小品，如滑梯、攀爬架、秋千、蹦床等，设计既符合人体工学，又造型丰富，色彩缤纷，满足儿童及亲子活动需求，也能装饰环境、活跃氛围、展示审美品位，提升景观环境的美育价值。

2. 设计原则

（1）地域性与文化性原则。

深入挖掘和分析当地的历史和文化、地形地貌特征，对地域文化特色元素进行提炼、组合、再造和重构，设计具有地域特色的小品造型、样式或图案纹样，丰富、升华和传播其文化内涵，并注重对乡土材料的合理选择和使用。

（2）艺术性与装饰性原则。

景观小品容易成为视觉聚焦点。小品的比例尺度、空间划分、色彩、形式、情感传递等方面应与周围环境相互融合，形成具有艺术特色、韵味的画面和空间构成。设计应重视创造独特而丰富的美感体验或场景再现，避免设计雷同现象。

（3）时代性与绿色原则。

景观小品设计应反映时代的进步，无论是思想、理念、审美、科技与材料等方面的发展都可以通过景观小品设计展示。设计提倡展现时代精神、因地制宜、节能环保、绿色生态，关注资源再利用。随着科技和通信技术发展，地域间文化的交流与融合，景观小品设计日趋国际化、简约化、科技化。

二、建筑小品

建筑小品是供人观赏、休息、娱乐及其他社会活动的小型建筑物，主要包括亭、廊、花架等。可独立或与其他景观设施、绿化结合形成景点，具有适用、经济、美观的特点。

1. 亭

古今中外的亭，通常是供行人休息、乘凉或观景之用的建筑小品。亭一般四周开敞，形式多样，造型轻巧，选材不拘，布设灵活，应用广泛，常与山、水、植物组景，点缀环境，“巧于因借、精在体宜”（图2-28）。

图2-28　各种亭

2. 花架

花架一般用刚性材料构成一定形状的格架，可攀附植物，又称棚架、绿廊，可遮阴休息、赏景、划分空间、点景等。花架的形式各异，平面形态可为长方形、圆形、椭圆形或几种图形组合等，设计要因地制宜（图2-29至图2-30）。

图2-29　北京玉渊潭紫藤花架

图2-30　北京紫竹院公园内结合漏窗的廊架

三、雕塑小品

景观雕塑小品是为美化环境或用于纪念而雕刻塑造出具有可视、可触的艺术形象，借以反映社会生活，表达艺术家的审美感受、审美情感和审美理想的造型艺术。古今中外，景观雕塑广泛运用于重要的空间场所。

1. 分类

景观中的雕塑小品常布置在室外公共空间，审美偏向于公共审美。造型多样，材料丰富，应选防风雨性、防紫外线的材料（图2-31至图2-34）。

图2-31　北京CBD某建筑室外字母装饰

图2-32　悉尼某社区动物组合造型雕塑

图2-33　奥地利萨尔茨/斯堡街旁小公园广场雕塑

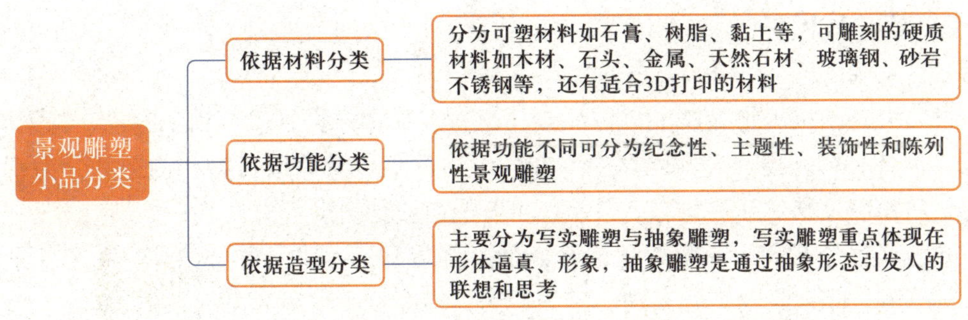

图2-34　景观雕塑小品分类

2. 设计要点

（1）注意选题与造型。

雕塑往往容易成为景观环境或空间场所的焦点、标志物。雕塑设计应注意发掘能表现该环境特色的选题和造型，使环境意境升华，成为特色景观。

（2）注意选材和布置。

雕塑一般可以四面欣赏。因视点、放置地点、光线及材料的不同，雕塑能使人们产生各种不同的感受。雕塑建造应含有特定的意义，例如特定的人物和特定事件的表现，一定要结合其特定的历史背景和环境进行设计。考虑用地的平面条件和空间形态，使其融入环境，与环境协调共生。

四、其他景观小品

1. 座椅

景观空间中的供座能力即数量及分布直接影响到人对景观的舒适体验感。座椅设计应考虑休息功能和观赏性，应与环境和谐。多数座椅是露天布置，材料选择要考虑便于使用、舒适、结实、耐久、耐腐蚀、易清洁等因素（图2–35）。

图2-35　各种座椅

2. 景墙与栏杆

（1）景墙。

景墙形式不拘一格，功能因需而设，材料丰富多样。景墙可用于障景、漏景以及背景，也可装饰环境、分隔与联系空间，组织景色。景墙按材料和构造可分为石墙、砖墙、白粉墙及其他新材料等。景墙上可开漏窗或洞窗。

漏窗又名透花窗，窗洞内装饰着各种漏空图案，透过漏窗可隐约看到窗外景物。漏窗可分隔空间，景物若隐若现，富于层次，窗框和花纹图案灵活多样。

洞窗是无窗扇的空窗，可取框景。墙上连续的形状各异的洞窗称"什锦窗"，使人在游览过程中不断地获得新的画面。洞窗使空间相互渗透，增加景深。

（2）栏杆。

栏杆是一种拦挡设施，可分隔空间，明确边界，装饰环境。栏杆形式多样，常见节间镂空式，由立杆、横档或花饰组成。选材应结实耐用，如木、竹、石、混凝土、砖、金属等。栏杆的高度主要取决于使用对象和场所要求（图2–36）。

图2–36　各种材料制成的栏杆

3. 儿童游具

儿童游具是供儿童娱乐并进行体育活动的玩具，多设置于户外，如幼儿园、居住区公园、公共开放空间等公共场所。游具分类方式有很多，按游戏功能可分为智力型、体力型、组合型、冒险型，按游戏形式可分为滑梯、转马、摇椅、荡船、钻洞、爬梯、起落的秋千、吊环等，还有其他分类方式（图2–37、图2–38）。

图2-37　智力型游具：莫比乌斯带体验趣味性与科学性

图2-38　体验不同游具的趣味性（北京海淀区昆玉河畔某公园）

4. 语言景观小品

20世纪80年代，加拿大学者兰德里（Landry）等首先提出“语言景观”（Language landscape）这一概念，“某个特定的地方、地区或者城市群的语言景观，由该地理区域内的交通路牌、广告牌、街道名、地名、商铺招牌、公园指示牌以及政府机构标牌上的语言所组成”。景观中涉及的展示性小品，如各种导游图板、指示牌、景点说明牌、布告板、阅报栏等都可以归入语言景观范畴。语言景观小品可以指引方向、解说景点，也能展现城市意象与地域特征。语言景观小品形式丰富、材料多样，设计应体现地域性、文化性、绿色环保、智能科技，并与环境协调。

5. 景观灯具

景观灯具应与当地环境协调，考虑昼夜的景观效果。白天时，灯具易产生雕塑感，造型设计应给人一种舒适、美观的视觉体验，黑夜时能使人们感受情景交融，满足人们夜间生活的正常进行。景观灯具设计应体现地域性，优化环境昼夜景观品质，不应喧宾夺主，如在街道、绿地、广场、建筑等环境中，灯光与灯具应融入景观。物质环境自身的材质、形状、颜色等方面不同，产生的光效也截然不同，应因地制宜地进行灯具造型与排布设计。景观灯具设计可以主题明确或有象征性，以传达特有的意境。随着智慧城市及通信技术的发展，集智能照明控制、信息采集传输发布以及其他物联网和通信技术的多功能智慧灯具逐渐被引入景观设计中，为景观环境提供更智能化服务（图2-39）。

图2-39　北京地坛公园外灯具景观、巴黎协和广场灯具景观

第三章
景观的空间组织

空间不是虚空之物。从本质来看，空间是物质性的，具有一定的构成要素，这些要素形成了丰富多样的空间形态。景观空间可分为自然空间和人化空间，马克思认为，以土地为载体和根基的自然空间，具有无限延展和伸张的特性。自然空间是自然界长期发展而形成的，是自发的、自在的，是人的一切活动赖以存在的空间。景观的人化空间可以理解为人们通过生产、生活实践活动创造的人化的自然空间，人化空间应具有宜人的尺度和科学的布局。

第一节 | 空间概述

一、空间概念

1. 汉语词典中的解释

现代汉语词典中解释“空间”是物质存在的一种客观形式，由长度、宽度、高度表现出来，是物质存在的广延性和伸张性的表现。不同学科领域对“空间”定义不同，了解不同学科领域对空间的概念阐释，有助于我们对景观空间的深刻理解和科学组织。

2. 其他学科领域中的解释

（1）辩证唯物主义的空间。

辩证唯物主义认为空间是物质存在的基本形式。这表明空间依赖于物质，同物质有着不可分离的联系。空间概念和物质概念一样，都是高度抽象的概念，其内涵是无界永在。现代科学否定了空间为虚，支持了空间为实的结论。

（2）数学的空间。

数学特别是以空间形式为研究对象的几何学认为，空间就是位置的总和。几何学在生产实践基础上，从具体物体形状中抽象出点、线、面组成的只有位置的几何图形，这是对构成空间形式最单纯元素的科学抽象。在这一概念下空间是指物质的单纯位置，位置是物质并存的排列次序，物质并存的差别性。点、线、面等数学概念是对构成现实空间基本要素的正确反映。数学上的空间是点的集合、变化的自由度，线、面、体分别是一维、二维、三维的空间形式。

（3）物理学的空间。

经典物理学认为宇宙中物质实体之外的部分为空间，是容纳物质运动的三维平直虚空，也是几何的空间；相对物理学认为宇宙物质实体运动所发生的部分称为空间。爱因斯坦《相对论》证明空间是相对的，没有一个绝对的空间，时间是相对的，时间与物质运动不可分离。爱因斯坦支持空间是物质的广延，是物质的属性。现代物理学的空间已超出了三维容器的意义，具有多维性、结构性和弯曲性，并与时间合为一个时空整体。

（4）地理学的空间。

地理学空间是物质、能量、信息的数量及行为在地理范畴中的广延性存在形式，特指形态、结构、过程、关系、功能的分布方式和分布格局，同时存在时间的延续。

（5）文学的空间。

文学中的空间是情的空间和知的空间。文人笔下的空间具有人文情怀和叙事性体验，这种特性使得空间、时间、使用者之间关系更为密切。空间容纳事件的发生并展现事件的全过程性，人的情感与空间体验产生共鸣。这正与叙事性文学作品中的"情节"之意不谋而合，对于现今设计领域提出的情感设计给予极大的启发。从情节设计的层面出发，情节介入设计，在空间职能、形态、立意等方面展现出空间设计的丰富性与深度。

（6）建筑的空间。

建筑的空间是为了满足人们生产或生活的需要，运用各种建筑要素与形式所构成的实体，可分为内部空间与外部空间，内部空间由地面、墙（含门窗）、屋顶等围而成，外部空间由建筑物与周围环境中的街道、广场、树木等其他元素形成。建筑空间还可分虚实，被包围、限定的空间为实空间，相对实空间之外的为虚空间。

3. 景观空间概念界定

基于上述相关领域对空间的阐释和理解，景观空间应该是具有物质属性的、由点线面构成的、三维甚至超三维的、虚实相生的时空体。地理学意义上表现出地域性、历史文化性、生态性等特点。当人与空间互动时，可能产生精神属性，从而丰富了空间属性和功能多元性。景观空间在为人们提供休憩场所、改善环境和提高人体舒适度方面发挥着重要作用。景观空间的舒适度受到植物群落结构、形态和铺装状况的综合影响。景观空间特征为乔—灌—草的群落结构、无硬质铺装的下垫面，且半开敞的空间形态时，更有利于提高人体舒适度。景观设计的目标之一就是营造出适宜人们活动的绿色空间。

二、空间界面

空间是物质存在的形式，由物质界面构成，不同的界面形成了不同的空间特征。从建筑空间的角度看，地、墙、顶是空间构成的基本界面。鉴于此，景观空间由底面、垂直面和顶面等基本三界面构成，是空间的控制和影响因素（图3–1）。

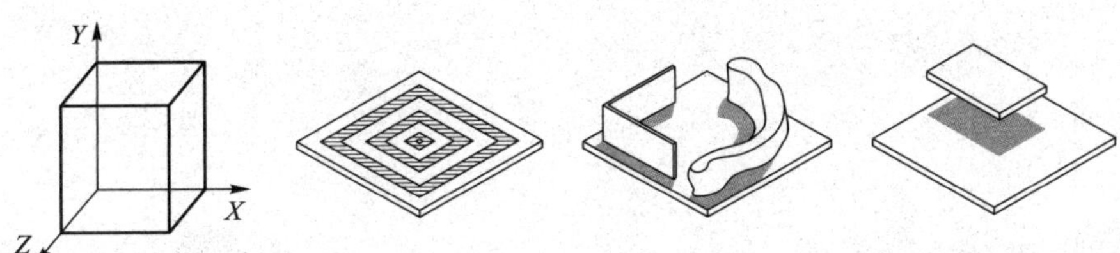

图3-1　三维空间中的空间模型，由地、墙、顶构成空间的基本界面（参考网络资料绘制）

底面可以是土地、铺装地面、草地、地被植物、水体等形式；垂直面可以是各种材料的墙体、栏杆，也可以是植物种植；顶面可以是建筑屋顶，也可以是树冠遮蔽，还可以扩展到天空。

三、空间特性

根据对空间概念的理解、对空间构成要素的认知，可以概括出空间特性如下。

1. 广延性和伸张性

空间的物质属性表现出的形态或体积，占据一定的位置，并随着时间的推移可能向不同方向延伸，有流动和散漫之感，也可能形成丰富的空间层次。

2. 三维或超三维性

三维空间是由点线面构成的具有长宽高的物体空间，也称立体空间。三维空间的长、宽、高三条轴上的坐标决定物体空间位置。自然科学中描述空间和时间是通过选定参考系进行的。三维空间反映直观思维对外界物体的形状、大小、远近、深度、方向等特性的认识。超三维中的四维空间包含时间概念。

3. 容纳性

固定的空间有一定的容量，接受一定量的人、事物或活动，例如北京天安门广场可容纳上万甚至几十万人参加庆典活动，参加了20次国庆庆典活动的倪天祚提到“1949年10月1日下午3时，30万军民在天安门广场隆重举行庆祝中华人民共和国中央人民政府成立典礼”。[①]

4. 形态与形式的多样性

空间形态是空间事物的形状或表现，点线面是形态基本构成要素，形态一般具有特定态势的外形，如下沉空间。空间形式是空间事物的形状、结构等，是内容的载体，设计借助于形式被感知、被使用，形式具有系统性特征。空间形态与形式具有丰富多样性。人类感知形态的空间形式主要有现实空间、意识空间和虚拟空间。形态是形式的要素之一（图3–2）。

图3-2　美国国家广场景观空间的规则形式、高差变化、水体及方尖碑的空间导向性

① 倪天祚，苏峰．我亲历的国庆群众游行［J］．百年潮．2008（11）．

第二节 | 空间形式

景观空间形式主要是空间内部结构与外部轮廓结合的整体形象，具有综合性和多样性的特点。空间形式由空间的形状、尺寸、色彩、质感等要素构成；空间形式可根据空间形状分为规则式、自然式和混合式三种常见形式；空间形式可以变化或因地制宜地组合。

一、构成要素

空间形式通常体现在空间物体的形状、尺寸、色彩、质感等要素上。[①]

1. 形状

形状是物体或图形由外部的面、线条组合而呈现的外表。空间形状一般是指由地面、垂直面、顶面等组合而成的空间存在或表现形式，如长方体、正方体等。通常地面形状对空间布局影响较大，例如圆形的广场、带状的道路等。垂直面的形状对景观视觉体验影响比较大，例如由砌筑的建筑墙体、建筑立面与植物配置形成的林冠线会给人不同空间感受，前者是几何形体，刚直、规整，后者是生命树，优美、自然。

2. 尺寸

尺寸是指空间的长、宽、高或空间大小，常用单位km、m等，是对空间的度量。尺寸涉及空间的比例和尺度。比例是长宽高等同类数量之间的倍数关系，尺度是空间尺寸与其他环境之间的对比关系。例如人体各部的尺寸及其各类行为活动所需的空间尺寸，决定了建筑开间、进深、层高、器物大小等。

3. 色彩

色彩又称颜色，色彩是人的眼睛对于不同频率的光线的不同感受，色彩既是客观存在，又是主观感知。相关概念有：①环境色彩，指在各类光源的照射下，环境所呈现的颜色；②空间色彩，可理解为在各类光源的照射下，空间的底面、垂直面、顶面等综合呈现的颜色，空间色彩也可比喻空间的某种情调。

4. 质感

质感是人对某种物质的真实感受，也指艺术品所表现的物体特质的真实感。物质表面的自然特质称天然质感，如水、岩石、树木等；经过人工处理的表现感觉则称人工质感，如混凝土砖、陶瓷、玻璃等。不同的质感给人以软硬、虚实、滑涩、韧脆、

---

① 程大锦（Francis D.K.Ching）. 建筑：形式空间和秩序（3版）［M］.天津：天津大学出版社，2008.

透明与浑浊等多种感觉。空间质感主要表现为空间的底面、垂直面、顶面等整体给人的感觉。

二、基本形式

1. 规则式

规则式又称几何式、规整式。规则式空间的各组分之间以稳定整齐有序的方式联系在一起。主要由几何形、体组成，轴线控制各部分之间的关系。例如球体、圆柱体、锥体、长方体等单体或组合体能形成规则式空间形式，常见规则式空间有道路、广场空间等。有的空间还有规整式水池、花坛装饰空间环境，植物配置多采用对称式，株、行距明显均齐。规则式空间形式也多样变化，例如意大利多山地，把山地修成台地，在台地上造规则式园林。法国多平地，则在平地上建造规则式园林，反映各自的地方特点。

2. 自然式

自然式指空间的各组分性质不同或以不稳定的方式组合在一起，一般无轴对称，有动感，自然式空间形状可以是多种多样的。空间形式注重遵循自然，学习自然。底面规划随地形而定，景致随机。道路多依据地形等高线定线，常见连续的弧形蜿蜒而行；草地、水体等多采取起伏曲折的自然状貌；树木株行距随机分布。

3. 混合式

上述规则式、自然式的空间可组合为混合式空间。混合式空间在表现时可能会规则或不规则各有偏重，也可能互相均衡。

三、形式变化

1. 基本图形

格式塔心理学指出，为了易于理解特定的视觉环境，人的大脑会尽量简化环境主题和形式，形式的简化倾向于基本图形。由几何学可知，基本图形有圆形、正三角形、正方形。在此基础上还有各系列图形，如椭圆、普通三角形、直角三角形、多边形等。圆形具有集中性、内向性、稳定性等特性，正三角形具有极其稳定的特性，但由一个顶点支撑的倒三角形则极具动感，正方形也如此。由这几种图形形成的几何体也具有相似的特性，包括基本的球体、三棱锥、正方体等，还有其他一系列几何体。

2. 加法

加法是指一种形式通过增加局部元素来变形，形成新的形式。同样，增加的元素量的多少和形式影响变形的程度和性质。例如依附原空间局部增加小空间。

3. 减法

减法是指一种形式通过减去局部元素可以变形，形成新的形式。减去的元素量的多少影响变形的程度和性质。减法的方式可以是由外部削减，也可以向内挖除。例如正方体通过均匀削减，随着削减量加大，逐渐接近球体，改变了正方体的特性。

四、空间组合

景观空间组合可分为空间单体接触和空间群体组合两种形式（图3–3）。

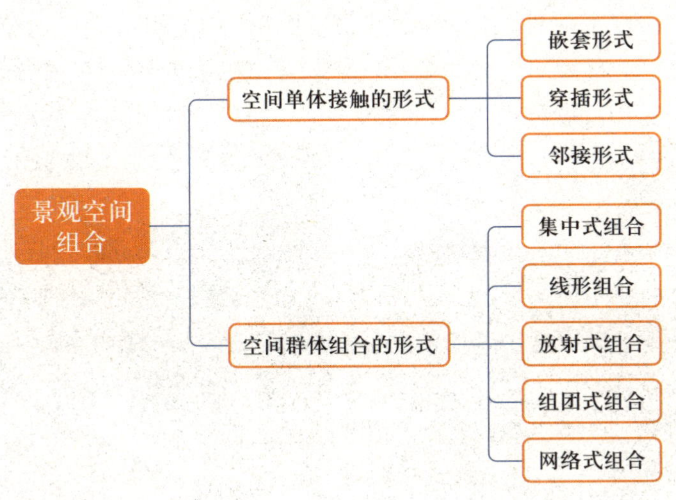

图3–3　景观空间组合

1. 空间单体接触的形式

空间组合可借鉴数学集合的概念。集合是把人们直观的或思维中某些确定能够区分的对象汇合在一起，使之成为一个整体。空间组合就是不同空间元素汇集在一起形成一个集体，一个综合体，有简单的、有复杂的综合体。

（1）嵌套形式—子集。

将一空间嵌入另一空间中，形成包含、主次、重点及附属关系。大空间可以覆盖内部的小空间。空间之间的连接通过道路实现（图3–4）。

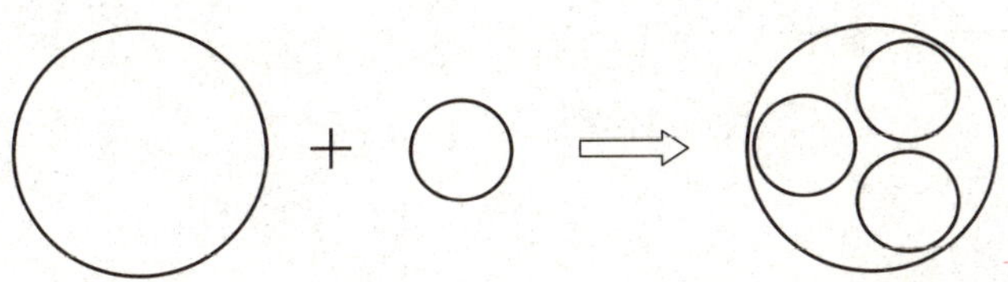

图3–4　空间嵌套，大空间套小空间，形成包含关系，内部小空间关系并列或分主次

（2）穿插形式—交集。

在功能和结构合理的基础上，利用基本的几何空间巧妙地组合，空间局部重叠形成一个共享空间，原本的各空间穿插时，仍保持其原空间的可识别性和界限。

（3）邻接形式。

空间相邻关系，既可以有共同边界又可以有共同顶点，还可以有一定距离。距离可理解为两个空间的中心或重心的距离或者邻边的距离。

2. 空间群体组合的形式

空间群体组合可分为集中式、线形、放射式、组团式、网络式等形式。

（1）集中式组合。

集中式组合通常是一种稳定的向心式构图。中心空间占主导地位控制总体格局，形状相对规则，一定数量的次空间基于功能和环境的需要集结在其周围（图3–5）。

图3-5　青岛世博园内集中式景观空间：柱廊形成中心，外围有水景，再外围是铺装道路空间

（2）线形组合。

线形组合又称“线性组合”或“序列组合”。根据功能或形式要求，按先后次序串联，呈线性空间序列。这些空间可由一条轴线连接起来。线型可直可曲可转折。所形成的线形组合在空间视觉效果上呈现出连续的景观线（图3–6）。

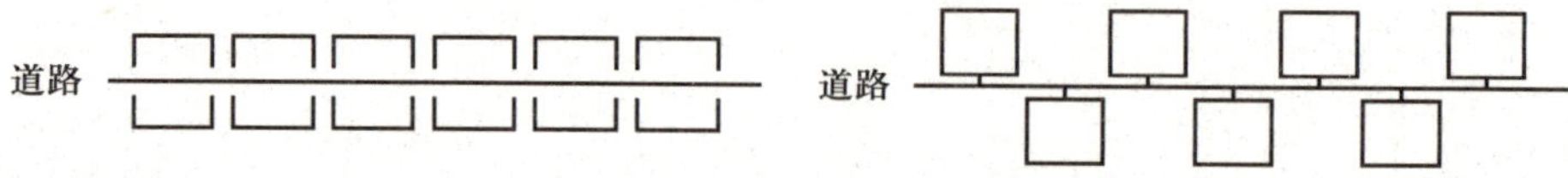

图3-6　线形空间组合形式

（3）放射式组合。

放射式组合又称辐射式组合，由集中式中心空间和若干放射状的线形空间组合而

成，可通过分支向外伸展，与周围环境紧密结合。衍生组合形式为环形放射式。

（4）组团式组合。

组团是一种紧靠成组的空间布局形式，由两个或多个相对独立的主体团块和若干基本团块组成。依据地形等自然条件，用地空间被分成几个具有一定规模的团块。团块有各自的中心和道路系统，团块之间有一定的空间距离，但由较便捷的通道使之组成一个整体。组团式也表现为多中心模式。各个团块之间既相对独立，又紧密联系。

（5）网络式组合。

网络式空间由节点、轴线和片区构成。节点是总体布局中的动力核心和视觉焦点，控制和引导空间动态发展。轴线是设计的主要线路和脉络，例如道路，在形态上连接节点和界定片区，承载流通、屏障、过渡等功能。片区是轴线纵横交错形成的闭合的空间区域，显示区域的活动质量和发展趋势。网络式空间布局较复杂，可结合生态设计，将自然资源、交通、景观组织成空间网络体系（图3–7）。

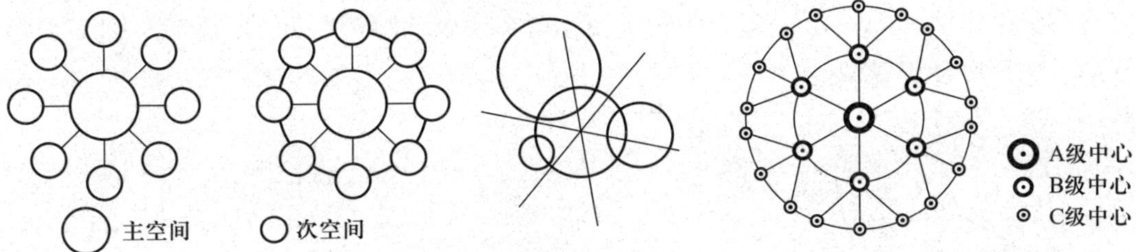

图3–7　放射式、组团式、网络式空间形式

第三节 | 空间的宜人尺度

比例是某物的一部分与另一部分或整体之间的关系。尺度是指某物参照参考标准或人体或人所熟悉的物体的大小时的尺寸。比例影响宜人的尺度。

一、比例

1. 黄金分割

黄金分割又称黄金比、黄金律，是指事物各部分间一定的数学比例关系，即将整体一分为二，较大部分与较小部分之比等于整体与较大部分之比，比值约为1：0.618。0.618被公认为最具有审美意义的比例数字。黄金矩形的宽长比为黄金比，能给画面带来美感，令人愉悦。黄金矩形以严格的比例性、艺术性、和谐性，蕴藏着丰富的美学价值（图3–8）。黄金比的应用体现在绘画、雕塑、音乐、建筑、景观以及管理、工程设计等领域。

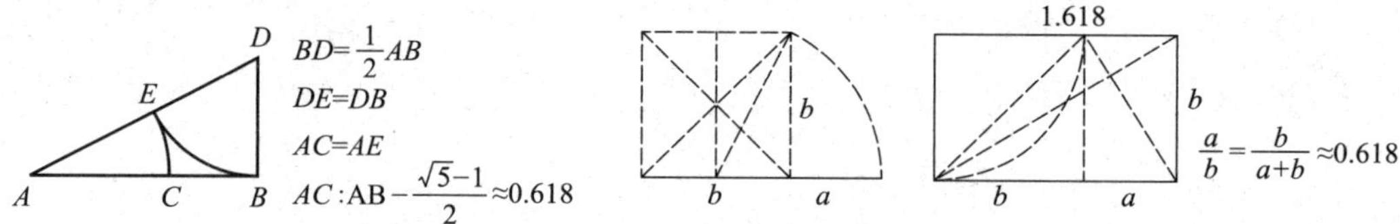

图3–8　黄金比与黄金矩形的示意

例如东方明珠塔，塔高462.85米。设计师在295米处设计了一个上球体，使平直单调的塔身变得丰富多彩。埃菲尔铁塔在距离地面57米，115米和276米处各有一个平台，计算表明：（300–115）/300=0.617。所得比值与黄金比0.618相差甚微，场地设计中，平面划分多在1/3处，有人将此总结为三分之一定律（图3–9）。

2. 斐波那切数列（Fibonacci Sequence）

数列0，1，1，2，3，5，8，13，21……从第3项开始，每一项等于前两项之和。而且数列延续，当n趋于无穷大时，前一项与后一项的比值越来越趋近黄金比0.618.

3. 人体比例

人体自身是空间设计的基本参照。用头高作为度量来计算人体比例，一般男女之间人体比例基本相同但实际高度不同，而不同民族的比例也不尽相同，据统计中国人一般都在7到7个半头高之间。约1500年前维特鲁威在《建筑十书》中描述，达·芬奇绘出了完美比例的人体，描绘了一个男人在同一位置上的“十”字形和“火”字形的姿态，并同时被分别嵌入到一个矩形和一个圆形当中。这幅画有时也被称作比例。

图3-9　上海东方明珠和巴黎埃菲尔铁塔

勒·柯布西耶的模度尺，又称模数理论，是在对西方几何、黄金比的研究中总结出的，是从人体尺度出发，结合黄金分割产生的一种相对和谐的规范。柯布西耶选定人体下垂手臂、脐、头顶、上伸手臂四个部位为控制点，与地面距离分别为86厘米、113厘米、183厘米、226厘米，另一个是上伸手臂高恰为脐高的两倍，即226厘米和113厘米。以“单位、倍数和黄金比例”的数学关系为基础，算得两组以 0.618 为比值的等比数列，并将它们分别命名为“红尺”和“蓝尺”，蓝尺的值是红尺的两倍。同时柯布西耶将这种模数理念扩大至城市规划之中，提出了“居住单元”的概念，认为城市是由多个较小的居住单位组合而成的群组。

二、人体尺度

人体尺度是建立在人体尺寸和人体比例基础上的。人体尺度从形式上可分为两类：一类为静态尺度，一类为动态尺度。

1. 静态尺度

静态尺度即人在立、坐、卧时的静止尺寸。根据《中国居民营养与慢性病状况报告（2020年）》，中国18~44岁男性和女性的平均身高分别为169.7厘米和158厘米。根据身高可以估算人体活动基本的姿态和动作所需空间平均尺寸。

2. 动态尺度

动态尺度是指人在空间进行各种动作时所发生的尺寸。人的活动大体上分为手足活动和身体移动两类。身体移动例如姿势改换、步行等，又集中在正立姿势与其他可能的姿势之间的改换，也包含手足活动的过程（图3-10、表3-1）。

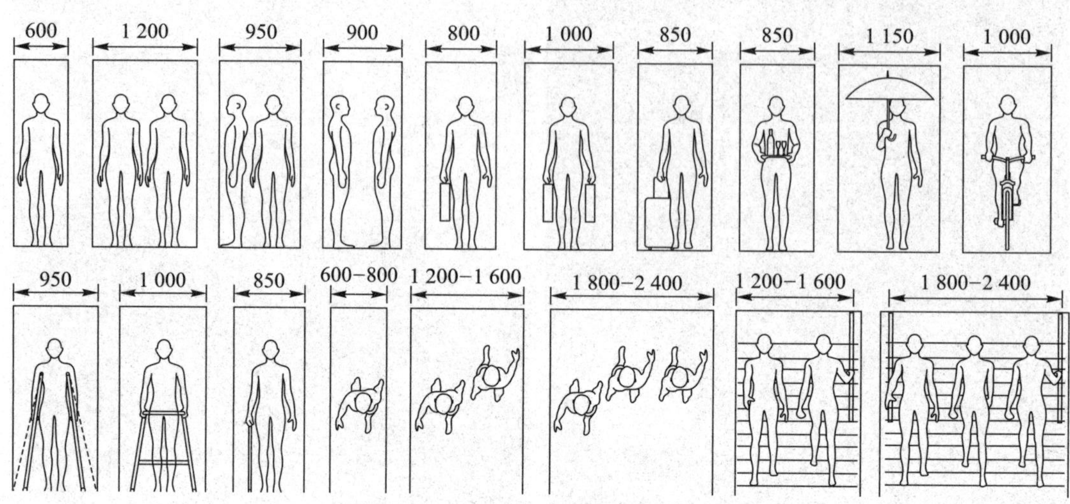

图3-10　通行的空间尺度（中国建筑工业出版社《建筑设计资料集》）单位：mm

表3-1　步行基本统计

不同年龄组	统计量	步速/（m · s^{-1}）	步幅/m	步频/（步 · s^{-1}）
少年儿童	均值	1.06	0.51	2.10
	标准差	0.20	0.10	0.31
青年	均值	1.30	0.66	1.96
	标准差	0.26	0.08	0.26
中年	均值	1.19	0.64	1.86
	标准差	0.23	0.07	0.24
老年	均值	1.04	0.58	1.79
	标准差	0.24	0.07	0.27

（数据来源：马云龙，等.行人特性对步行行为影响分析.交通与运输，2009.01）

三、视觉空间

1. 视觉

人和动物通过视觉感知外界物体的大小、明暗、颜色、动静，获得具有重要意义的各种信息。千叶大学的心理学研究者发现，人得到的全部信息量中，视觉承担70%左右，听觉承担20%左右，其他感觉承担10%，对于人来说，视觉的作用极其重要。

英国艺术家约翰 · 伯格（John Berger）认为“在视觉领域中，我们看待事物的方式受到我们所知或所信内容的影响”。它还受惠于看的主观活动：“我们只看到我们所关注的”，而看总是“一种选择的行为”。除了观察者的注意力和兴趣点不同之外，身体和心理状态（例如疲劳或兴奋），也是造成同样有意识地观察而得到不同结果的原因所在。美国哲学家古德曼（Nelson Goodman）指出：在观看中，接受与解释是相互依存的。也就是说：“眼睛对其作用总是习以为常的，它总是被自己的过去所缠绕，也被耳朵、鼻子、舌头、手指、心脏和大脑的旧有的和新来的暗示所纠缠。”受到需要和偏见制约的，不仅在于它如何去看，也在于它所看到的是什么。它可能会有所选择、排斥、组织、区别、联想、分类、分析、构造。德国思想家歌德（Johann Wolfgang von Goethe）在《色彩论》（*Theory of Colours*）中认为在每个观看行为中，记忆、富有生产性的想象、概念和想法都在发挥作用。

2. 视觉空间

视觉空间不仅强调了长、宽、高及时间这四个量之间的关系，还强调了视觉源点（观察者）的空间位置。它所表示的是视线中的空间，也就是说，当我们在构建空间模型时，注重的将不再是整个空间的排列，而是视觉源点与外界空间的相对关系。

景观中的视觉空间主要是指物理空间，由基面和三维边界组成，因此空间建构要考虑水平方向视域的开敞性及垂直方向视线的连续性。主要包含：①认知各种类型和尺度的景观视觉空间，包括景观空间的类型、界面、建筑空间界面和空间形式等。②掌握静态视线的构成：视点、视距和视域；通过视点分析、视距分析和视域分析，掌握景观静态视线所达范围。③掌握动态视线的构成：站点、景观点和路径；通过路径间距分析和路径通透性分析，掌握景观动态视线所达范围。④对景观视觉空间中的视觉影响定量评价。⑤根据景观视觉空间化设计意向，提出景观空间的视觉秩序仿真方案，不断检验景观中视觉空间的设计实践（图3-11）。

四、空间尺度

宜人的空间不仅应提供安全、舒适、优美的视觉景观，还应规划适宜的尺度空间，例如广场等公共活动空间，为人们提供休憩、娱乐、交流的场所。

1. 空间体量

空间体量设计应满足人们活动需求，又不造成空间拥挤或浪费。同时，使外部合理的景观物高度能顺利进入人们的视线，但又不给人带来紧张感；巧妙地创造借景，扩大空间感。空间采用适宜的形式以及组合布局，通过合理的视角或高度建构不同体验感的空间围合，创造欲扬先抑、豁然开朗等景观效果，强调重点空间或景物的中心位置，加强空间的纪念感、仪式感、层次感、人文精神与关怀等。

2. 空间尺度的确定

参照芦原义信所提出的“D/H 理论”：D 为外部空间的面宽，H 为围合空间的界面

图3-11　视觉空间——圆形广场空间以周围的建筑、道路、植物为边界

高度，1 ≤ D/H ≤ 2 是较为合适的空间尺度比例（图3-12）。

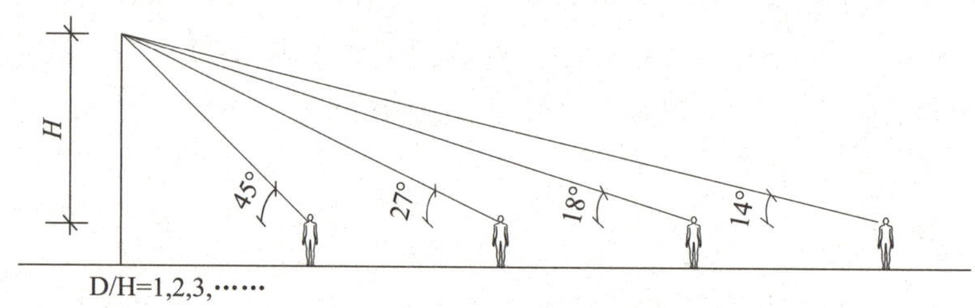

图3-12　基于芦原义信“D/H 理论”的空间尺度

- D/H=1，站点处于45°仰角，能最佳观赏建筑或其他物体细部。
- D/H=2，站点处于27°仰角，能最佳观赏建筑或其他物体的细部及整体性。
- D/H=3，站点处于18°仰角，能清楚地感觉到以周围环境为背景的主体对象。

芦原义信总结出20~25米外部空间模数理论。在此距离范围之内，人们能互相辨认对方的面容，使用这个模数可以增加外部空间的节奏感，丰富空间层次。对于更大的空间，可以结合材质变化、地面高差变化等设计手法，创造空间丰富生动性。美国作家雅各布斯（Allan B. Jacobs）著《伟大的街道》，经过大量的案例分析总结，发现良好的街道空间的 D/H 保持在1.1~2.5之间。连接人们日常生活的城市支路，一般

D/H<1，让人感觉较为亲切，空间围合感较强，两侧建筑对空间有压迫感；比值越小，人在街道空间中的感受越压抑，且影响到街道的采光与品质，但会形成独特的热闹氛围。

另外，空间垂直面的处理形式会影响到空间尺度的感受。对空间垂直面进行柔化处理，形成柔性边界时，空间可能会产生亲切感，柔性边界作为联结内外空间的物质媒介，它可以是一种具有厚度，可以容纳公共活动的空间。柔性边界模糊了内部空间与外部空间的界限，柔性边界可设计成建筑的悬挑、柱廊、遮棚或架空等形式，增强公共空间的融合渗透、空间的公共性与连通性，还可设置雕塑和座椅等小品，为人们提供更加丰富多样的外部空间景观。

第四节 | 景观空间布局

景观空间布局宏观上影响景观总体供给水平，在研究范围内，使景观的区位和数量为最优解，即结合现有景观的空间分布和优化需求，优化景观布局。以效率性和公平性为准则。微观上关联到居民日常生活水平以及生活质量的满足，景观空间布局主要看空间的人际距离、空间建构、空间组织关系等，促进个人空间与社交、聚会、休闲等公共空间的融合。

一、人际距离

美国文化人类学学者霍尔认为人类用边界来区别自己的空间，这种认识是文化塑造的结果。个人空间的大小因文化差异而不同。根据人们使用个人空间的不同习惯，霍尔将文化分成“接触文化”（Contact Culture）和“非接触文化”（Noncontact Culture）。霍尔认为阿拉伯人、拉丁人和南欧人所属的文化类型都属于接触文化，交谈时保持很近距离；而美国人、亚洲人和北欧人所属的文化类型都属于非接触文化，交谈时喜欢保持较大距离。个人空间距离还因人际关系不同而不同（表3–2）。

表3–2　霍尔提出四种人际距离

人际距离	特征
亲密距离	约18英寸（0.5米）内，亲子、夫妻间交往的距离，表达温柔、爱抚、激愤等情感的距离
个人距离	18 英寸~4英尺（0.5~1.2米）朋友或熟人之间的交往距离，家庭餐桌距离就属于此种距离
社会距离	4 英尺~12英尺（1.2~3.7米）一般认识者之间交往的距离，人们多数的交往发生在这个距离之内，也适合洽谈室、会客室、起居室等
公共距离	12英尺~25 英尺（大于3.7米）陌生人之间、上下级之间交往的距离，单向交流的集会、演讲，也适合大型会议室

丹麦城市设计专家杨·盖尔提出人们在社区中的户外活动分为三种类型：必要性活动、自发性活动（散步、观望、晒太阳）和社会性活动（打招呼、交谈），后两种活动只有在适宜的户外条件下才发生。户外的明媚阳光、清新空气、优美环境，促进人际交流。真正适合人们需要的外公共空间是人居环境的建设目标，景观设计要认识到这些空间距离，合理布置空间，满足人们建立预期的人际关系的空间。

二、空间建构

空间建构强调实体空间的建立，同时表现空间形式、内涵及场所精神，满足空间使用者的需求，进而引发使用者感知空间。空间的底面、垂直面和顶面等限定了空间的容量，每个面的尺寸、形状、色彩、质感及其空间关系决定了空间的视觉特征及质量。

1. 因地制宜

空间功能要求与空间条件尽量匹配，要充分考虑当地的气候、现状及其他影响因素。在底面设计时，应与现场地面紧密结合，例如广场设计与平坦性的互配。在垂直面设计时，应与现场周围环境紧密结合，设计垂直面应考虑尺寸、形状、色彩、材料质感等。顶面设计应根据实际需要而定，例如场地需要遮阴避暑，可以布置有顶的休息建筑等；如果周围有枝繁叶茂的高大乔木，可顺势而为。

2. 创造领域感

景观空间中的领域感可以理解为人们活动的区域。底面、垂直面或顶面局部通过形式的变化可以建构空间，形成不同的领域感。例如草坪中的一片硬质铺装，因其与众（草地）不同而产生了分隔感和领域感。场地中的纪念碑，拔地而起，庄严矗立，在环境中产生了向心力，形成垂直向的焦点，空间的领域感、氛围都随之变化（图3–13、图3–14）。

图3-13　空间领域感的建构方式——铺装变化、突出标志物（巴黎和谐广场方尖碑）

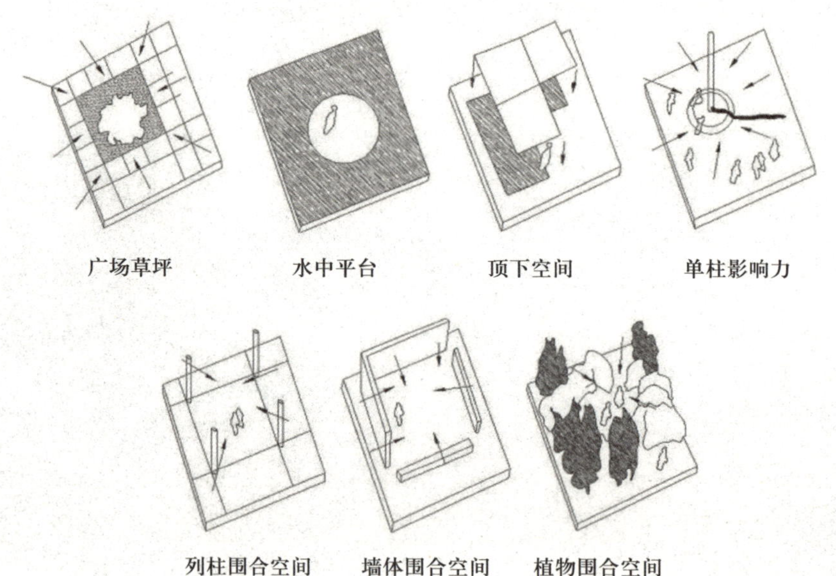

图3-14　向心力形成某种意义和程度上的空间，增强空间构成的丰富性（参考绘制）

3. 空间围合

空间的不同高度、连续性和密实度的垂直面围合可以创造不同的视觉体验。

（1）高度。

高度分为相对高度和绝对高度。绝对高度是垂直面的实际高度，例如墙的高度，墙低于人视线时，空间较开阔，高于视线时，空间较封闭（图3-15、图3-16）。相对高度H/D＝墙的实际高度/视距。基于宜人的空间尺度观察，空间的围合与体验有如下关系：

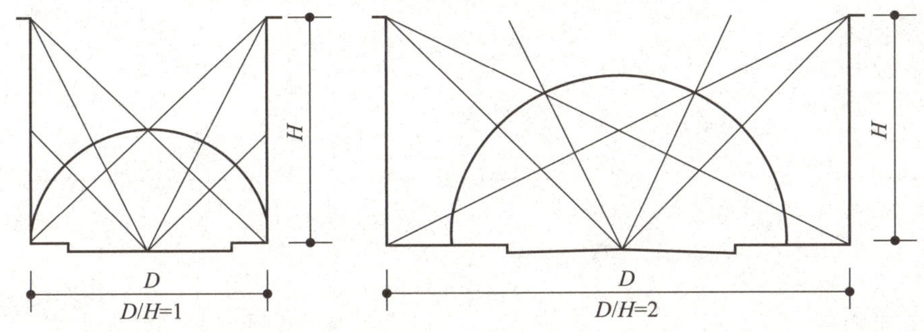

图3-15　道路横断面多层次的景观与功能结合的公共空间有助于形成良好尺度

图3-16　植物对道路空间的围合

D/H=1，亲切感、围合感强，易形成繁华热闹氛围，沿街建筑立面对人影响较大。

D/H=1~2，能保持亲切感和围合感，可增加绿化带宽度和树木高度以弥补空间的扩散感。

D/H=2~3，视觉扩散，空间开敞、围合感较弱，热闹氛围被冲淡，令人感到不安与疏离。

D/H ≥ 3，空间开敞，人们视线主要停留在建筑的群体关系以及建筑与环境关系上。

（2）连续性和密实度。

同样的高度，墙的连续性越强，封闭性越强，内外渗透越弱；墙的空透降低了墙的密实度和连续性，墙越空透，封闭性越弱，内外渗透越强（图3–17）。

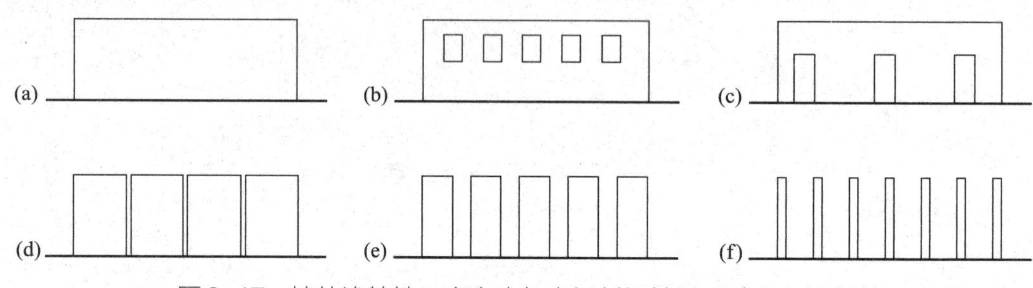

图3–17 墙的连续性、密实度与空间封闭性关系（参考绘制）

4. 空间意象

高度可意象的空间，应该是能够吸引人们视觉和听觉的注意，并吸引人进入的空间。美国规划先驱凯文·林奇（Kevin Lync）在其著作《城市意象》（*The Image of the City*）中提到环境意象总是表现在识别、结构和意义三个方面。建构景观空间意象的三要素即边界、区域和标志物。

（1）环境意象表现。

一个有效的意象首先是目标可识别，表现出与其他事物的区别而被认出。人们可以借助各种提示：形状、符号、色彩、光谱、视觉、嗅觉、听觉、触觉、动觉等识别空间。任何一个特定的形状都会使观察者产生意象，清晰的空间意象便于指导人们行动，良好的空间意象给人以感情庇护。空间意象是观察者与空间环境关系的产物，空间环境提示了特征和关系，观察者以其适应能力和目的进行选择、组织，然后赋予所见物一定的意义，从而建立意象。意义也是一种关系，是不同于空间和图形的一种关系。

（2）景观空间意象建构。

林奇还提出城市空间的意象特征表现于五大元素，包括道路、边沿、区域、节点和标志等。鉴于此，可以提炼出建构景观空间意象的三要素即边界、区域和标志物。

边界是线性要素，围合空间的垂直面常作空间的边界。区域是二维平面，观察者从心理上有“进入”其中的感觉。区域具有某些共同的能够被识别的特征。这些特征通常从内部可以确认，从外部也能看到并可以用来作为参照。在一定的程度上，大多数人都是使用区域来组织自己的城市意象的（图3–18）。标志物是观察者的外部观察参考点，有可能是多种多样的物质元素。标志物的关键性特征具有单一性，或在某些方面具有唯一性，或是在整个环境中令人难忘。标志物可能形成一个或多个意义强烈的焦点。其他的事物都参照此焦点。[①]例如天安门广场内的人民英雄纪念碑成为一个纪念意义强烈的焦点，附近的氛围令人心生崇敬。

图3-18　无垂直面时，空间开放，随着围合度加大，空间私密性增强

三、空间组织

空间组织以空间的对比、渗透、层次、序列等关系为主。空间组织设计中应拉长游程，扩大空间，关注对空间分隔与联系关系的处理。

1. 空间对比

空间对比可以分为大小对比、形状对比、动静对比、开放与私密对比、色彩对比、虚实对比、空间的收与放、质感对比以及明暗对比等多种方式（图3-19）。

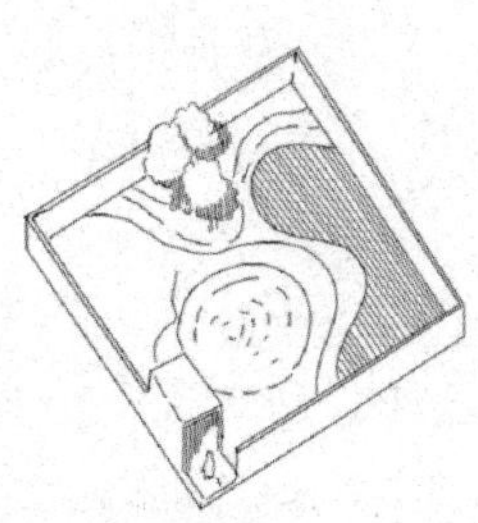

(a) 用封闭的小空间做对比　(b) 用狭长的空间做对比　(c) 用暗明的空间做对比

图3-19　通过空间划分形成空间的大小、收放、明暗等对比

2. 空间渗透

景观空间的渗透一般会发生在空间边界处，空间渗透会带来虚实等戏剧性、意境的延伸与突破，例如借景和“春色满园关不住”的惊喜。空间渗透具有模糊性、流动性、象征性等特征。空间渗透有助于形成丰富性、层次性的景观，从而彰显边界空间的功能和意境。

通过空间的分隔与联系产生空间渗透，使空间产生音乐般段落分明又抑扬顿挫的节奏，产生空间上的过渡。通过对空间曲折开合的处理，巧妙安排景观要素，例如

① 凯文·林奇.城市意象［M］.北京：华夏出版社，2001.

叠石理水，设置亭、台、楼、阁，对空间进行分割与联系。使有限的地理空间环境能表达丰富的意境。例如通过墙体分隔空间，又通过墙上的门窗开合，渗透视线联系空间，以窗的大小、花纹及通透度等变化增添情趣。景观小品、图案铺装、景观植物等也能用于空间的分隔与联系（图3–20）。

图3-20　洞门、漏窗形成空间渗透

3. 空间层次

丰富的景观空间层次，给人一种无尽之感。古典园林主要通过空间渗透及空间结构营造空间层次感，值得学习与借鉴。一般在园林入口处都会有所遮挡，如放置影壁或假山等物，可以避免人们在游览时一览无遗，比较有神秘感，也能调动观者游览的欲望，使人体会园林含蓄幽雅的意境，如电视剧《红楼梦》中的大观园。廊是古典园林中一种特殊的建筑，廊的设计可以使整个景观更有层次感，曲折的长廊可以使人体验步移景异的景观变化，使景观不再是平面，让景物与建筑之间相互分离又渗透。花窗与门洞的设计可以增加景观的神秘感和层次。丰富的植物景观设计可以提升整个空间的层次感（图3–21）。

在大空间中划分出不同的小空间，使整体景观更有层次。水可以适当连接分散的景点，水既能分割大空间，也能连通小空间，使整体景观空间更加和谐，更有层次感。水还可以与建筑、植物组合成景，使整体景观更丰富、更鲜活。

四、空间序列

彭一刚在《建筑空间组合论》中定义空间序列是“通过综合运用引导、对比、重复、过渡、衔接等一系列空间设计手法，由单独的空间组织而成的既有变化又完整有序的空间集群”。由此，景观空间序列可理解为各空间按一定规律、有组织地排列

图3-21　北京大观园洞门与植物丰富了空间层次

组合，形成特有的顺序方向和流线，如同电影和音乐等艺术形式中的开始、承接、转折、高潮、收尾等段落结构。时间是线索，空间是载体，根据事件的发展进行叙述，引导游客感知空间尺度、经历时间及情感浮动。人在户外空间中的行为是不断寻找目标的过程，[①]潜意识里总是倾向于以路标为前进目标，并在记忆中存留这些目标的空间特征（图3-22）。

关于空间序列有学者提出基于空间故事情节的展开，可按照顺叙、倒叙、插叙等方式展开空间叙事，而且各种叙事手法的运用可自由转换和巧妙融合，从而达到故事的流畅讲述以及主题立意的多角度展现。还有学者建议空间建构中可借由一系列建筑符号语言完成故事情节展现，通过点、线、面、体的空间构成，将景观节点与交通流线整合安排、整体布局与氛围营造统一考虑，各功能空间建立承启贯通的关系。

“起”是空间序列的开始，预示即将进入空间。序列之初奠定空间氛围，或是蜿蜒曲折，或是韵律变化，空间特征由此产生。“起”常采用精巧的遮挡，以激起探索欲望。

“承”是整个空间序列的重要过渡阶段。“承”空间逐步引导人们的空间体验，承

① ［美］约翰·L.摩特洛克.景观设计理论与技法［M］.大连：大连理工大学出版社，2007.

图3-22　北京紫竹院桥分隔水空间、连接两岸空间、延伸游程、扩展空间

前启后，既要接住“起”带来的心理变化，更要为接下来的景观高潮蓄势。环环相扣，对空间的感受重叠交织，层层递进，是景观空间的视觉感受渐变的过程。

“转”是景观空间的视觉感受突变的过程。空间斗转，之前累积的心理感受层层迸发，在转折的空间达到顶峰，眼前空间景色迷人，尤其是标志物聚焦视线和情感刺激，使人们在特定情境中体验景观升华。空间体验在此处得到极大满足。

“合”是整个空间序列设计的结尾。景观余韵犹存。环境回响赋予空间独特的灵性。由环境到建筑，再从空间重回自然。

流畅的景观空间序列，往往具有较强的艺术感染力，人的活动与环境融合。空间的连通、渗透、延伸，游线由静止转向流动，空间由曲折、狭长、封闭、压抑转向豁然开朗，都可以通过空间序列设计来实现。可以通过空间组合形式建构空间序列，包括集中式、线形、放射式、组团式、网络式等形式；或通过门窗设计渗透连通不同的空间；或轴线控制空间，精心布置两侧内容丰富的分支空间，形成树状结构，吸引视线，使有限的空间距离延伸，产生无尽之感，从而延长体验时间，丰富景观体验（图3–23、图3–24）。

图3-23　由多层次空间渗透、空间转换而获得深邃感

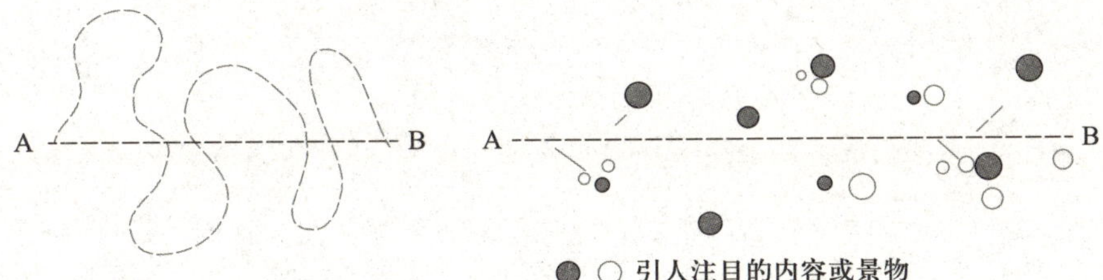

图3-24　延伸游程、扩展空间之法

第四章

景观的时间体验

景观的时间是指景观的“时间性”存在，是一种“知性直观”的存在。康德（Immanuel Kant）认为“时间本身是无形式的，时间的一切关系都能在一个外部直观上表达出来”。时间通过景观的物质要素进行“外部直观”呈现，才能让人们感知和体验。哲学层面看，时间有二分法和三分法，其中二分法将时间分为观察时间和体验时间，或自然时间和心理时间[①]；海德格尔（Martin Heidegger）《存在与时间》谈到了时间可分为自然时间、人文时间、心理时间。借鉴上述分类，景观的时间可分为客观时间和主观时间。

第一节 | 景观的时间特征

生物进化、社会进步都体现了时间的发展，人们也可以在景观上感知时间的长短、节奏的变化和空间环境的总体变化，景观的客观时间特征更显著。

一、时间的度量

时间是物质的永恒运动、变化的持续性和顺序性的表现，包含时刻和时段两个概念。人类以时间为一个参数描述物质运动过程或事件发生过程，确定时间依靠物质周期变化的规律。世界上计量时间是以地球自转为基础的。

1. 时间的长短

景观信息可以在“时间的长河”中成为一种可存在、可传播、可记忆的语言，彰

① 赵仲牧.时间观念的解析及中西方传统时间观的比较.［J］思想战线.2002（5）：80–91.

显景观的时间性。时间的概念有长短之分，长的很长，如历史的长河，这表示历史至今的相当漫长的时间；而短的却很短，如转眼间、瞬息、顷刻等词语，都表示极短的时间。

2. 时间的进程

随着时间的流逝，景观是持续变化的，例如进化、转向或退化等。景观的内涵包括了不断变化的时间和物质空间。在景观体验的过程中，我们感知时刻、时段和时间的延续，往往与空间、位移联系在一起。“朝辞白帝彩云间，千里江陵一日还”反映着时空的唯美关系。由时刻所组成的时间进程表征了时间的“线性维度”，即指向性的时间序列，能够展现设计的故事性与叙事性。在这种时间序列的延展中，人们对景观的体验也从“静而观之”转换为“动而感之”。时间的流逝使人面对的不是一个景观点而是景观序列。景观中所蕴含的历史文化内涵也随着时间的进程逐渐积淀下来。时间借助于景观留痕带给人们太多的思索与联想。景观设计也因此升华为对“积淀”的艺术追求。

二、时间的节奏

光照在物体上，使人能看见物体的物质。光照包含日光、月光、灯光以及看不见的红外线、紫外线等。光也是一种玄妙绝伦的艺术表达媒介，景观空间借助光营造氛围、塑造空间特征。时间进程伴随着景观变化，不仅有潮涨潮落、昼夜更替、晴雨变化、四季轮回等这些自然的变化，还有人及其需求的变化、社会生活方式的变化等。

1. 昼夜交替

昼夜交替是地球在太阳光照射下因自转而形成的一种自然现象。太阳日制约着人类的起居作息及其他生物的习性，被作为基本的时间单位。昼夜交替，温度、水分也发生周期性的变化，从而影响到植物的生长、地表的变化、生态的变化等，景观随之变化。日光是人类感知外部事物的重要媒介，它几乎反映着所有事物的固有形态、品质、颜色等（图4–1）。

图4-1　悉尼大学主大楼的昼夜景色变化

冬季日照给人带来温暖舒适的体验，夏季需要遮阴以满足人对景观空间的舒适体验。医学研究证实，光照强度在一定程度上会对人的心理产生积极影响，直接影响人的情绪调节。夜间光照对人的生理心理、行为也会产生强烈干扰。

日照变化会对环境色彩产生影响，直接影响植物的色素合成和色相，以及植物的色彩视觉。研究表明，一天当中，早上开始，植物的色彩会随光照增强而减少灰度，接近中午时，植物的纯度和灰度基本保持稳定状态；下午随着光照减弱，所有植物呈现灰度上升和纯度下降的现象。阴天、雾霾天、日照不足时，植物的色彩视觉会呈现灰度增强的现象；雨天，虽然日照不充足，但是由于雨水去除了灰尘，会优化植物的色彩视觉效果。

日照变化会对环境气温产生影响。日出之时，道路、广场铺装及建筑表皮等硬质材料显热吸收度高，潜热转化量低，形成局部热岛。而绿植、水体等通过蒸发途径增加潜热转化量，区域显热吸收度低，形成局部冷岛。其他时间的日照变化及影响也各异（图4–2）。

图4-2　悉尼市中心某小公园同一地点同一天上午与下午日照变化（南半球夏天202212）

2. 季节节奏

季节是每年循环出现的几个时间段。不同地理区域的季节划分有所不同。就我国大部分地区的气候而言，一年四季循环往复，富有节奏，景观随之有季相变化，主要反映在植物景观随着季节的交替而发生的形态、色彩等多方面变化。季相变化是生命循环往复、更迭不息的直观反映。

季相变化对人的生理、心理有着直接而显著的影响。研究表明，景观丰富的季相变化可以从视觉、听觉、嗅觉等多方面减弱人的负面情绪，给人以美的视觉体验、健康的心理变化和精神启迪。季相变化的基础是植物色彩变化。不同植物色彩表现可以使人产生不同的心理感受、想象、感知。色彩因人的客观生理感知有冷暖、轻重、距离之分（表4–1，图4–3）。

表4-1 色彩心理感知

颜色	积极心理感知	消极心理感知	颜色	积极心理感知	消极心理感知
黄色	柔和、温暖、神圣	警醒、奢华	紫色	浪漫、优雅、希望	压抑、孤独
橙色	幸福、满足、愉悦	浮华、庸俗	蓝色	轻快、理性、安慰	冰凉、忧伤
红色	兴奋、喜悦、幸运	危险、警告	绿色	安宁、活力、平静	压抑、沉重
粉色	可爱、甜美、美好	俗气、幼稚	白色	纯洁、整洁、舒服	单调、寒冷

图4-3 北京植物园同一地点的夏秋季景色对比

三、时间与空间

时间与空间的关系是景观设计的重要内容之一。设计中涉及景观空间的体量、通过透视表现的空间深度、动态的时空关系以及景观序列的建构等。例如廊的设计，内外空间彼此贯通，连续不断地变更视点，行进中的人会体验到时间的进程、空间的变化。由此，时间、空间、运动联系在一起。

1. 时空序列

时间与空间结合时，时间成为空间的一个维度。景观中的人通过“动态视觉”对时间和空间进行感知。人在行进的过程中，眼睛不断地捕捉画面。游览路径的流线为体验者展现时空序列，体验者在移动中通过动态视觉感知空间情境。每一处景观的构成要素，例如地形、道路、水体、建筑、植物等都会经历时间的洗礼。在我们准备设计一处景观之前，时间已经刻画了其现状特征。景观设计师要敏锐地找到时间遗留下的痕迹，观察空间秩序中的线索，以一种尊重场地的地域历史文化、地理地貌信息的景观语言呈现场地的时空特征和时空序列，使景观设计在时空间轴上生长起来，并持续发展。时间是记述顺序性的产物，在景观设计中的动线设计，便是一个时间线索下的故事展示（图4–4）。

图4–4　基于场地高差，因高就低设置广场，通过阶梯和植物联系广场空间，展示时空序列

2. 景观序列

景观序列建立在时空序列基础上。一般将游览路线的结构作为轴线。布局上注重景观的有序变化，使人的视觉随着景观序列享受不同的景观体验。景观序列要保持景观的连续性、逻辑性、节奏和韵律，景物应动静结合。

景观序列的相关研究成果丰硕。有基于格式塔心理学的知觉理论，例如莫里斯·德·索斯马兹（Maurice de Sausmarez）《基本设计：视觉形态动力学》（*Basic Design: The Dynamics of Visual Form*）；芦原义信在《街道的美学》《外部空间设计》提出"消极空间""积极空间"等概念；西蒙·贝尔（Bell Simon）《景观的视觉设计要素》（*Elements of Visual Design in the Landscape*）指出：景观空间的功能与情感体现，是通过各种构成要素在空间里的变化组合来完成的，景观空间设计要能以合理的结构化方式运用视觉特性，并将其拓展到城市人造环境的创设中。西蒙兹（John O. Simonds）《景观设计学》（*Landscape Architecture*）提到景观空间序列设计要考虑人的心理主导游览行为。诺曼·K.布思（Norman K. Booth）《风景园林设计要素》（*Basic Elements of Landscape Architectural Design*）阐述各景观元素之间的布局构图方式时，提到视觉暗示的空间序列创作手法。

中国古典园林以诗画"起、承、转、合"的布局形式组织景观序列，现代学者结合中国古典造景手法和知觉理论，不断研究适于现代城市公园的序列组织手法。刘滨谊、张亭《基于视觉感受的景观空间序列组织》从视觉角度研究景观序列，探讨步行条件下的空间转换与人们主观感受之间的联系，认为瞬时与历时感受的结合形成对整体序列的体验。步移景异、意境连绵的景观序列，在这种时间的绵延中，空间得以流转，场景得以变化，时间成为一种具有指向作用的"持续秩序"。无论是"画面式"的瞬时体验，还是"景观序列"的叙事性体验，设计的主要目标是希望游人在有限的空间中，感受到时间带来的更多维度的体验。

3. 时空重组

通常情况下，空间在时间中延展。人们随着游览进程可以看到更多景象。但时间和空间具有辩证关系，时间和空间可相互作用，互相转化。时间与空间的关系可以被设计成动态发展的效果。以时间为基础进行空间组织，时间可以对空间进行"消解"，即通过多样的时间序列和时间感知对空间进行重组，从而使人在感知上认为时间与空间是不对应的，这种设计可以增强时空序列的趣味性，给景观带来惊喜，使人产生时空错觉。

在变化的空间中创造时间错觉。由于空间序列的改变和透视幻象，使人对时间的感知产生错觉，感觉到时间的先后、快慢发生改变。例如反向利用"近大远小"透视规律的圣彼得广场，将广场平面设计成"近小远大"的梯形，人在向教堂的行进中，通过抵消形体透视而改变人的空间形态感受，模糊了自己的位移感，心理感知时间变慢了（图4-5）。单一时间点的多维空间，或同一时间点，在空间中布置多个观察视点，这种设计中，时间是定量，空间成为一种变量，例如迷宫设计。相互交叠的时空中，错觉一般发生在不同空间的过渡中，使空间的共享界面“你中有我、我中有你”，交叠或相互渗透，从而产生流畅的丰富变化的自然过渡效果。

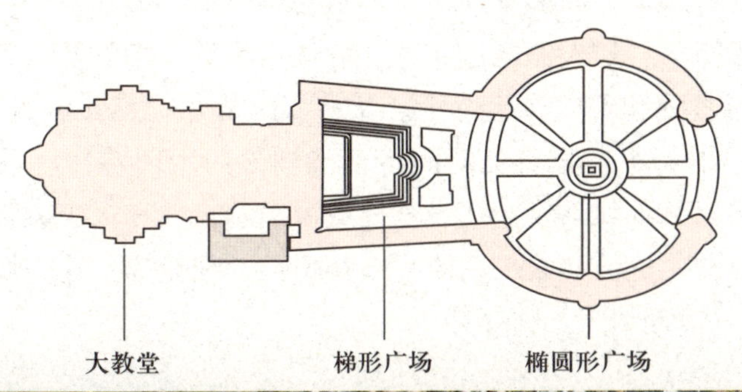

图4-5　圣彼得广场

第二节 | 生理与景观时间感知

从哲学上来理解感知，即感觉与知觉的结合。环境心理学的研究发现，感知是由感觉逐渐升华形成知觉，是人们通过视觉、触觉、听觉、嗅觉及行为活动等多维度的感官体验，达到对事物和环境产生感觉以及初步的认知。感知可概括为知觉的体验，能提炼事物最明显的特征。景观的时间特征能被人的生理感知。景观的内涵十分丰富，学者们明确指出，景观不仅包括可被视觉识别的自然和人工要素，还包括非视觉的生态功能、历史文化价值、娱乐功能，以及嗅觉、味觉等。这一切都可以在实践中感知。

一、视觉与时间感知

景观的时间感知主要表现在视觉感知上，在此意义上，景观是视觉艺术。

1. 视觉景观

视觉景观是指在某一特定区域能够带给观察者较强的视觉感知、视觉印象的地理实体。对视觉景观的研究，源于20世纪60年代中期的欧美发达国家。一系列环境问题的出现，增强了人们对景观视觉资源的保护意识，促使风景园林学、地理学、生态学和旅游美学等不同领域的专家学者开展了大量实证和理论研究。Sheppard SRJ（2004）认为视觉景观是“视域中所有可见物的总和，即使这些可见物分散在不同空间区域”，例如城市视觉景观，既包括城市形体环境和城市生活共同组成的各种物质形态，也包括人们把这些物质形态转化为视觉形式的主观感知。

2. 时间的可视化

时间的可视化是采用科学合理的可视化方法描述和表达景观中的时间性。可视化具有时空耦合性，景观环境既有空间属性又有时间属性。景观可以作为衡量时间的“钟表”，例如植物疏影横斜，投影在白墙上，伴随着日照的变化，演绎出不同的动态景致，形成某时刻的画面或某时段的连续风景画。这种画面对应着记录了某时某刻的时间，将无形的时光投射在景观空间或元素实体之上，清晰的或斑驳的景观画面呈现在人们的视觉中。这种时间进程的富有意蕴的时刻或时段建构了观察者对“此时此刻”的切实感受。时间的可视化远不止此，景观各要素都有呈现，例如草长莺飞、春华秋实，建筑物的自然老化，文化、自然遗产的见证等（图4-6、图4-7）。

图4-6　竹林幽深之处，光与影显现的时空

图4-7　时间的可视化（悉尼大学校内，随着时间的进程，图片中的人物前进几步，拍摄者同步行进，景观画面也向前推进，两次拍摄间隔1秒）

二、游览与时间感知

1. 游览路线

依托景观区域的交通网络，联系各景点，组织交通，引导游览。在满足安全的前提下，游览路线设计能为人们较全面地展现美景，并突出重点。景点是景观空间聚集和扩散的原点，游线设计要综合考虑区域特征和人的游览需要，确保游线的观赏性和景点间的连通性；同时，要考虑最小累积阻力（即用于计算景点之间运动过程中所需耗费的代价，是可达性的度量）。由此，形成基于空间识别下的最优路径。希尔（Hill）（1982）认为行人的路径选择是潜意识的，有研究认为行人更愿意走最短的路径，也有研究认为路径的舒适度是行人选择的重要考虑因素。

例如我国明朝时游览北京西郊佛寺，主要有两条路线。一条是出西直门，沿长河至瓮山、玉泉山、香山；另一条是出阜成门，沿大道至八大处、潭柘山。不同的游者可以选择一日至数日游单座佛寺或多座佛寺，形成相对固定的规律（贾珺等，2020）。人们游览过程中可能会遇到阻力面，即要穿越的景观界面。通常将选线过程理解为克服空间阻力从某景点出发到达另一景点的空间运动过程。

2. 步移景异

游人基于位移感受景观变化。景观变化应让人体验到自然而然、景到随机，步移景异中蕴含时间设计，在运动中体验时间过程的叙事空间，逐次呈现天然的、丰富多样的美景，如近景的细致处理、中景的精心安排，依稀可见的远景引人联想。景观是建立在路径的构架之中的，各式场景如诗如画，引人驻足观赏或停息，实现人们审美和情感的双重愉悦。例如中国古典园林苏州留园中有经典的步移景异展示，从入口到古木交柯入口的直线距离不足50 m，却经过了多次路径的转折，视线发生多次的转换，也延长了行进距离和到达目标的时间（图4–8）。

国外也有类似的研究，诗人和造园爱好者申斯通（William Shenstone，1764）主张景物游览路径应疏离目标，迂回接近；柯布西耶“蜿蜒的法则”（The Law of Meander）思考的是同样的运动游览方式。西特（Camilo Sitte，1889）描述了在穿越一座中世纪城镇的过程中，蜿蜒的老街总是藏掩着远景，而同时它又在每一个转角处让你柳暗花明。赖特的统一教堂设计也运用了蜿蜒空间，进入礼拜堂之前，曲折的路线上有精心安排的场地和景致，给人带来延迟进入的时间体验。日本的茶庭整体面积虽小，但设计追求营造意境深远的氛围，迂回道路连接景观空间转化的重要枢纽，即木户、中门、躏口等意象形的门，作为人们从一个世界到另一个世界的分界线。以近自然的方式来布置空间转化的形式：茶庭中踏石的摆放和铺设看似很随意，但实际上是根据庭园整体设计的均衡来考虑的；人的步距数量的多寡也反映了茶客在行走过程中心灵体验所需要的时间。

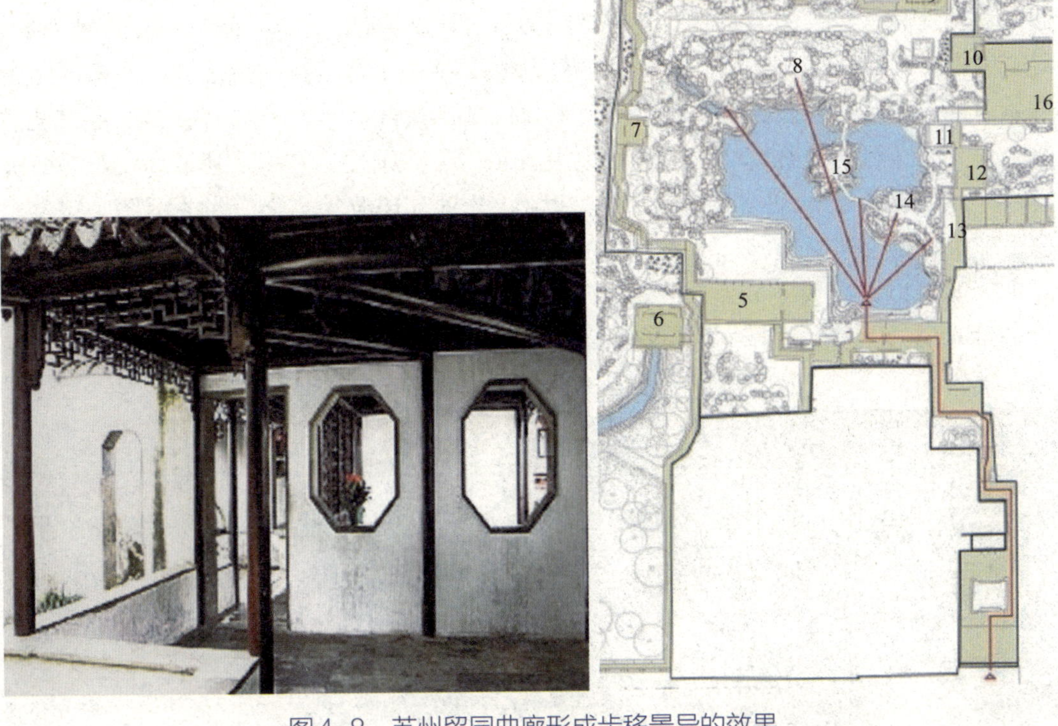

图4-8　苏州留园曲廊形成步移景异的效果

三、距离与时间感知

时间可以分为客观的“时钟时间”和主观的“时间知觉”或“时间观念”。景观游览时，主观时间和客观时间进程中，人们对距离的感知不同。

1. 出行距离与时间

出行距离即人们到达目的地（景观区域）的距离，也可以理解为景观距离，用以人为中心的景观的服务半径来衡量。景观距离是人们是否愿意为享受景观而付出时间成本的重要影响因素。

保证舒适性为前提，依据人的疲劳感和体能消耗水平，日常出行中的步行的能量消耗一般为“轻”强度劳动（可参考Ⅰ级体力活动强度）。美国相关研究表明，0.4千米（5分钟步行时间）之内，大多数人会选择步行，该距离被很多研究引用为可接受步行距离。0.4千米也被认为是公共汽车站设置的合理范围。从土地利用看，新建居住单元与其他功能单元相结合的最佳步行距离是10分钟。日本最早的生活圈研究，曾提出圈域1~2千米，老人儿童步行时间距离界限15~30分钟。王宁等（2015）根据步行距离敏感性分析提出以0~15分钟的步行时间为宜，5~10分钟被认为易到达，5分钟以内的步行时间可达状态为舒适。1.5千米是出行的意愿阈值。

时间距离是大多人出行选择目的地的限制性要素。在一定的空间距离范围内，人们对目的地需求呈线性衰减规律。按常规的步行速度4.8千米/时，5分钟可达0.4千米，此范围内，几乎100%的人愿意步行；超过0.4千米的步行范围，愿意步行的人数比例开始下降。老年人步行速度一般为3千米/时，10分钟的步行距离约为0.5千米，是多数老年人到达目的地希望的步行时间上限。2018年我国住房和城乡建设部发布《城市居住区规划设计标准GB 50180—2018》提出5分钟、10分钟、15分钟生活圈，完善配套设施中包括公园绿地等，为人们提供就近休闲娱乐、健身活动的场所。以时间计量的生活圈可以转化为空间距离，易于人们理解空间布局。步行时长5分钟、10分钟、15分钟对应的圈层距离为300~400米、500~800米、750~1 200米（图4–9）。

图4–9　居住区公园时间和空间距离均易满足居民日常休闲需求

2. 距离与客观时间感知

客观时间是由钟表和日历来衡量的，可预知。客观时间呈现线性、流逝性、可分割性与可度量性的特点。景观游览距离可分为两类，一是从出发地到达目的地的距离，二是景观区域内部景点之间的距离。

日常人们计算两点相距都用空间距离。空间距离可以换算成时间距离或交通距离。例如计算使用不同交通工具的时间长短等，采用分钟或小时等单位计量。如果两点间路途远，超出人们的步行忍耐度，则时间距离或交通距离成为重点考虑的出行因素。空间距离是固定不变的，但时间距离、交通距离随着交通工具及其他条件的发展而不断变化，与两点间的道路等级、路面情况、车流状况、气候条件等直接相关，道路等级越高，路面情况、车流状况和气候条件越好，时间距离、交通距离相对缩短，就能增大出行的可能性。交通可达性对于客观时间影响较大。

为满足人们休闲娱乐健身观光等活动的需求，我国城乡各地不断增建各类公园、广场等景观空间，尽量缩短步行空间距离或时间距离、交通距离。生活圈的规划满足了人们就近的景观游览、休闲健身等活动需求。交通工具、道路设施等不断发展为人们远距离出行提供了可能，为人们多元景观游览和各类活动需求创造了便利条件。

3. 距离与主观时间感知

主观时间感知主要指个体对时间的运动速度和间断的感知。基督教神学家奥古斯丁（Augustine）最早提出了主观时间论，康德、笛卡尔（René Descartes）、维特根斯坦（Ludwig Josef Johann Wittgenstein）等修正了主观时间概念，但总体上认同时间涵盖了过去、现在和未来的维度。主观时间感知会影响人的认知、情感及行为能力。人们对时间有不同感知，例如时光飞逝、时间停滞、时间充裕等，当你做一件不喜欢的事或焦虑时，感觉一分钟都像一小时那样长。

主观时间可分为经验时间（lived time）和知道时间（known time）。[①]经验时间指时间是从将来到现在，再到过去的动态的、持续性流动，个体可以通过想象置身于未来任何时间点，从而“经历和体验”一系列以时间为载体的事件流；知道时间指时间是由一系列静止的事件组成的序列，个体可以“知道”不同事件及其在时间上的位置关系。例如某人有过游览颐和园景区的经历和体验，当再次去颐和园游览之前，就有了主观时间感知，如果还按照上次去的游览路线游赏，游览过程中可能不断回想此刻的上次游览经验，主观上已有经验时间和知道时间等感知。

主观时间可以表现为事件时间，事件可以理解为景点，主观时间的进程是从一个景点到另一个景点的位移过程。例如游览颐和园时，如果从东宫门进入，经过仁寿门到达仁寿殿，临朝理政区的核心建筑，游客熙熙攘攘，由此，游览分流，往西南曲径通达昆明湖景区；往西北辗转到达宫廷生活区。

人们能通过时间感知距离，或通过距离感知时间。感知距离是个人根据其所记忆的信息以及个人的认识，能估计从某地到另一地点的距离。感知距离是一种由社会心理过程形成的情境约束，是个人对两地间实际距离的主观认识，其发展或变化主要依赖于个人的社会、文化背景和生活经历等。人们对出行时间的感知受到主观因素的影响很大，例如身体较为疲惫时会感觉出行时间较长，出行者出行的意愿值是1.5千米，

---

① Klein, S B. The complex act of projecting oneself into the future［J］. Wiley Interdisciplinary Reviews: Cognitive Science, 2013, 4(1): 63–79.

感知的意愿极限步行时间为27分钟。

主、客观时间可能完美融合，我们沉浸在某一景点、景区游赏的同时，知道什么时候该离开，能基于过去、现在、未来的不同坐标感知时间，能在三种时间坐标中保持平衡，即，有计划地分配好游赏景观的时间，从容而愉快地实现自己的游赏体验。还有一种可能，即只关注现在时间感知或景观体验，轻视或忽略未来的景观时间感知，可能会造成未来体验的损失。

第三节 | 心理与景观时间感知

对于景观时间感知，除了生理感知还有心理感知。通常人们会对景观有心理预期和偏好，其中时间感知是重要影响因素之一。预期是预先期待，属于心理学范畴，常用于经济学领域，指经济主体对当前决策有关的不确定的经济变量的未来值的预测，即活动当事者依据一定信息，对将来结果的一种预测、分析。结合景观而言，预期就是人们依据自身的知识和相关信息等对景观的一种预测和期待。

一、景观预期

人们会根据已知的目的地信息评价目的地的预期情况，并据此确定是否前往。预期心理直接影响个人的行为，如消费、旅游、休闲活动等行为，而这些行为不断变化、不断聚集，形成群体行为，在一定程度上影响一个地区甚至更广区域的景观环境运行情况。例如近几年国内兴起的赏花游、观花节等活动，以及国际园艺博览会等，是城市景观体验的热点，各城市以踏青赏花为名吸引游客，不仅为人们带来了美的体验，也助力当地发展经济，成为当地的文旅名片。观赏传统名花如梅花、菊花、荷花、桂花等，以及现如今的樱花节、桃花节、牡丹花节等，年复一年逐渐成为爱花人心中的期盼，人们应季如约进行赏花。人们对于预期目的地的要求有便于到达、景色宜人、环境优美、适于休闲放松、成本低等。

二、景观偏好

人们对景观的感知和解读具有主体偏好性，景观偏好反映了主体对景观的情感反应。景观偏好反映了地理感知、地理行为和综合复杂的人地关系。

1. 景观内容偏好

景观的自然程度与人身心健康呈正相关。研究发现仿自然、自然、仿自然与自然混合的三种不同自然度景观对生理、心理压力缓解存在差异。赫尔佐格（Herzog）等人（1992）研究发现复杂性、一致性、吸引性等指标与环境偏好呈正相关。而人们的环境偏好与其在环境中获得的心理、生理压力缓解有直接关系。自然环境比仿自然环境有更好的恢复效益，更好地符合人的心境，被人接受和认同。由此可知，自然景观可能获得更多的压力缓解效果。在硬质景观设计中可以设置仿自然的雕塑小品、仿自然图案的墙面装饰等来提高景观的自然度、一致性、复杂性和吸引力。

景观的自然属性是某个地区所涉及自然资源的总和，文化景观则是人类活动在地表的展现。景观偏好反映主体对景观的兴趣判断。景观偏好是设计师改善环境景观的基础和动力。

国外相关研究发现：①人们不断选择所偏好的景观、逃避厌恶的景观；②公众的环境价值观、人口学特征因素等对景观偏好有影响；③公众对农业景观偏好与土地纹理、作物纹理和地块形状有关；水、文化景观和传统土地利用方式易受公众喜爱；④景观视觉要素与景色价值是人们的偏好内容；⑤景观的心理物理分析发现水、雪、乡村等景观元素与景观偏好呈正相关；⑥景观偏好与心理修复、自然环境有助于压力缓解和疾病恢复的作用已得到广泛证实，水景、平坦的地形以及鸟鸣、流水声、风声等声景观对心灵有较高的修复作用。

国内相关研究发现：①景观偏好存在区域和空间差异，景观偏好直接影响目的地选择；②影响景观偏好的主体因素包括受教育程度、文化背景差异、景观审美差异、年龄等；③国内公众对自然景观的偏好高于人工景观：景观偏好最高的景观类型为水体，其次是植被；公众偏好于不平坦地形、高绿视率、植栽色彩丰富和自然感强的景观；④景观色彩、丰富性及整体环境协调度是影响景观偏好的主要因素，农业景观中的绿色覆盖度、斑块聚合程度等对景观偏好有正向影响。

另外，景观偏好很大程度上由人的自然属性和社会属性决定。不同的自然属性会导致景观需求和偏好的差异，不同的年龄、性别、身体状况等存在景观偏好差异。社会属性，例如特定人群，即具有相似生活经历和生活场景的群体，环境感知需求或环境刺激敏感性有别于其他群体，其景观偏好往往呈现特殊性。

2. 景观时间偏好

景观偏好中，时间是重要的因素。行为主体在时间期限决策中依赖时间选择景观。行为心理观察发现，通常人们对近期的季节性景观的重视程度高于远期非季节性景观，对即时性、眼前景观的重视程度高于远期的未呈现眼前的景观。

景观游览是典型的闲暇活动，该活动决策受个体闲暇时间制约。闲暇时间较充裕的个体具备了出行游览的基础条件。研究发现，游人的出行时间具有季节性和月份集中性，以及节日偏性。海勒伯格（Hylleberg）指出季节性是由天气、日历、时间等因素构成的系统，具有周期性和反复性的特征。景观目的地的自然、社会、文化等吸引物给人们带来休憩机会。自然因素（超越旅游者控制的因素如温度、阳光、下雨）、宗教和社会文化等混合因素（部分可控因素如学校的假期、传统的节日等）的季节性都与人们的景观游览时间偏好有关。例如我国北方地区春秋季的室外温和的气温、夏日的绵绵细雨时节都是人们的出行活动的偏好时间；学校的假期、传统的节日是出行游览景观、进行休闲活动的重要时间。日常时间，人们前往社区花园、小游园或公园中进行户外休闲健身，往往选择天气良好的早上、上午、下午和傍晚等时间（图4–10）。

图4-10　公园中儿童游园活动

三、景观的时间体验

时间现象学中提到“显现的时间和显现的延续”，在景观体验中对应着瞬时的体验和延续的体验，反映了人的意识的意向性活动的自身进程。

1. 景观时间即时的体验

城市公园、社区花园等是人们进行户外休闲、娱乐、健身的重要场所，经常会有唱歌、跳舞的活动。优美的旋律响起会刺激人的神经，引发心理兴奋；当更换曲目，新的乐音响起时，上一曲前行的声音并非无影无踪，而只是逐渐变得模糊、弱化、遥远，余音绕梁，即当上一曲引发的神经活动停止时才完全消失。同样，人对鸟鸣声、风吹枝叶声、雨打芭蕉声等都有这种即时的体验。

声音感觉在刺激消失后又唤起一个相似的并带有一种时间规定性的响应。人的时间感知表现出一种普遍的规律：每个反应在本性上都会有一个连续的反应与之相联结，它始终把过去的因素附着在新的反应上。这是一种意向性活动，具有动态性和流动性。如果我们将时间进程看成一个连续的过程，是意识的绵延流动，那么“时刻”就是时间轴上的一点，是时间进程中富有意蕴的瞬间。这些时刻的即时体验，让人获得了“此时此刻”的切实感受，将景观时间体验与空间紧密联系在一起。伴随着人在空间中的游走，时间也在点点滴滴地行进。

2. 景观时间延续的体验

昼夜交替以及气候的变化、植物季相变化等带来了景观延续的时间体验。景观中的历史文化传承会带来延续的时间体验。国内外著名的历史文化遗产都是时间体验的最好见证。例如秦始皇兵马俑的景区，威武雄壮的军阵，再现了秦始皇当年为完成统一大业而展现出的军功和军威，游人体验的是2 000多年前的凝重历史。山西平遥古城，城墙、街道、民居、店铺、庙宇等建筑基本完好，游人体验到几百年前的城市文化和民居生活。现代景观设计中运用传统元素符号等手法或利用科技手段演绎出一些科幻景象，也会使人产生联想，回到过去或走向未来，产生意向性的时间体验。

时间的流逝使人面对的不是一个景点而是一个景观序列，是一组动态的连续的画面，它是在时空中展开的。著名风景园林师劳伦斯・哈普林设计的罗斯福总统纪念公园内，时间序列成为人们感知历史进程的逻辑主线：公园依据罗斯福在任期间的典型阶段，划分为四个不同主题的室外空间。游览过程中的空间流转、场景变化、时间延续引发人们对历史事件的回忆与思索，并形成了时间体验进程。

第四节 | 时间维度的景观观赏

景观观赏的行为主体是人，景观是客体。当景观用地拥有良好的观景条件时可作为观赏点，人置身其中，眺望周边景观，景观之间形成良好的看与被看的关系，观赏点兼具被欣赏的功能。时间维度的感知力取决于人们意识的广度，当人进入一个环境，会自觉能动地产生一种对周围环境的思考和判断，以及对时间的认知体验。

一、时空交织

时间和空间始终交织在一起，人们对于景观的体验是在时空中的综合体验，人的记忆可以生发并重新体验记忆中的空间。

1. 时间丰富了空间内涵

人们愿意花费时间在景观环境中停留、观望，享受美景、享受新鲜的空气、放松身心，度过美好的时光，这样的景观环境是高质量的。时间是城市设计中的第四维度，时间能够让空间逐渐与人发生关系，通过岁月的沉淀使空间具有更加丰富的内涵，时空是人们体验环境的基本框架，景观设计师应当充分了解人的行为模式，思考如何有效地利用时间（图4-11）。

图4-11　公园中人们因水景而聚集

2. 时间是景观感知的媒介

运用时间媒介可以激发人调取脑中的特殊时刻的记忆，增强人们对景观的认同感和归属感。时间要素与景观材料、地域历史文脉紧密联系，历史保护对于空间场所时间感的营造具有重要意义，并有助于体现集体记忆和景观的生命力，时间主题中蕴含着可持续发展的思想。

文化差异影响着时间组织人们活动的速度和节奏。拉普卜特（Amos Rapoport）在《建成环境的意义：非言语表达方法》（2003）提到了不同时间节奏的人会区别开来，人们不仅会因为空间分离，也会被时间所分离。空间还可以取代时间来分离人群。占据着同一空间但有着不同节奏的人可能永远不会相遇；不同速度的人群可能永不交流；不同节奏的人群也可能产生冲突，例如休闲广场属于公共开放空间，广场中有自发组织的集体舞活动的人群，同时也有来来往往穿行的人，两种不同节奏的不同活动行为在时间层次上产生了文化冲突和困窘。

二、静态观赏

观赏景观依据人的行为方式可分为静态观赏和动态游赏。静态观赏即在可停息的建筑中、座椅上等固定位置的观景点对周围的景物仔细观赏。人们可以选择空间中的任意一点进行360°的全视野观察，因此停留空间的边界就成了限制游人视线的最主要因素。视野内的画面就像一幅静态图画，造景人有意识地在视线范围内安排主景、配景，前景、中景和远景，尽可能使画面层次丰富。观景点也是景观区域中的动态观赏过程的节点之一。

1. 视域与视角

欣赏景物，一般是人用各种感官去获得美感信息。尤其是眼睛，人眼能看到的范围称为视野，也称视域。眼睛在静止不动时的视域分为最大视域、保真视域和最佳视域。最佳视域即垂直范围为26°~30°，水平范围为45°。静态观赏时，人眼、身体可以运动，只是人所在位置不变或较少变化，因此实际视域可以扩展。

观赏景物时，人眼与被观赏物之间的假想连线被称为景观视线，或视景线。依据视景线与水平面的夹角可分为平视、仰视、俯视观赏。不同视角会使观赏者产生不同的心理感受，例如，平视，人的头部保持水平状态，颈部没有疲劳感，身心感受比较放松和舒服；仰视和俯视时，随头部上仰或下倾的角度变化而出现不一样的紧迫感与险峻感，并且仰视和俯视会使人容易感到疲劳（图4–12）。

2. 静观条件

静观时人与景物都处于相对静止状态。时间体验中常动中有静、静中有动。在时间维度中，如果静态景观具有动态的效果和感知，将引发人们更多联想与情感。基于人的活动规律及行为心理研究看，要让人停下来，留得住，至少应具备下列条件

图4-12　平视、俯视

之一：①停留点处于空间转换之地，无明显方向性，人行动会暂缓，环顾四周，待机前行；②停留点景物丰富，景色迷人，如制高点，湖岸近水处、小岛、山坡眺台等；③停留点设坐息设施及亭、廊等建筑，既可观赏，又供休息、遮阳避雨；④停留点提供生活、娱乐条件，如饮茶、购物、摄影、棋牌等，让人有所求；⑤停留点视点应位于观赏某一主景的最佳距离上，即D/H=1~3；⑥景观视线控制应满足景观空间透视及观赏的需求，重要景点周边有良好景观，建立观景点到景点的视线廊道，近景看清景物的形态、色彩、意匠，远景要从站点用眼睛能确认景物的轮廓及总体色彩（图4-13）。

图4-13　停留点处于空间转换之地，景物丰富，布置休息建筑或设施

三、动态游赏

动态游赏是人们在行进中对景物的观赏。步移景异，视觉空间有动态连续构图的效果。人们可依据游览路线进行动态游赏。例如公园游览线的设计，应与景观视线默契配合，尽可能使游客游览到大部分景点。一般游览线基于道路设置，宜曲不宜直，增强趣味性，随着时间的进程，全面展示景区、景点，使游人体验丰富的景观。

1. 动态游赏的形式

动态游赏可分为三种运动形式，即散步、行进和漫游。散步是以休息或锻炼为主，一般会有目的地，散步过程中又随时欣赏沿途景观；行进是一定数量的人按指定的路线和明确的目标前进；漫游是以赏景为主。三种形式在不同规模的景观环境中都可见到。

在规模较小的景观中，例如社区花园，散步较常见。设计应“小中见大”，路线宜迂回拉长，或设置环线，附加支线，避免走回头路；提供多种线路选择的可能性，令人在不同的位置、不同的线路选择中体验时间和空间景物的节奏变化。通常在规模较大的景观中，行进式和漫游式较多。为了减少人们步履劳累，可将景区、景点沿道路外侧布置，沿途道路可曲可直、可高可低、可水可陆，使人们在行进或漫游时，在时间变化中体验景观的丰富多变（图4–14）。

图4–14　颐和园后山漫游的人在路边景点拍照

2. 动观条件

动观时，步移景异。人们沿着游览路线前行，可有地形转折、海拔高度变化，位移带动视线的移动，观赏的景观也随之变化，并形成连续画面，画面中的景观有舒缓、高潮等层次。观景角度时时变换，左右顾盼，趣味加强。建立由近及远的景观视线、仰视或俯视的景观视线的控制规范，包括景物、景观空间的视线控制，尤其是景观焦点的视线廊道控制。基于人的活动规律及行为心理研究，要让人进行动态游赏，至少应具备下列条件之一：①游览路线部分地段不便于游人停留；②前方存在对景，并时隐时现，激发游览兴趣；③沿途景观设计具有步移景异的效果；④路线两侧景观峰回路转，柳暗花明；⑤调动仰视、俯视、听觉、视觉感官欣赏景观（图4–15）。

图4-15　凡尔赛宫花园沿途步移景异

3. 游赏速度与时间感知

景观游赏中的速度与时间常常因景观特征而异。在宜人的景观中游赏，人们往往会放慢速度，一路上似乎也不感觉时间漫长；在令人乏味的景观中游赏，人们往往会加快速度，一路上感觉时间漫长。复杂的景观容易引起人们仔细观赏，从而花费的时间增多；对于简单的景观，人们快速浏览就基本获取了大部分信息，相应地花费时间少，增加加速前往其他景点的可能性。

不同运动速度影响景观游赏。人们漫步于景观之中时，有更多的机会观赏景观的细节。例如公园中眼前呈现的大面积的花海中，人不仅可以欣赏到花的色彩，还可以近距离地观赏花的形态。观赏景观细节的过程中，时间在运动。步行空间景观应注重细节的亲切设计，有研究表明自然景观确实比人工景观有更复杂的细节，因此景观设计可以融入自然元素或通过模拟自然的丰富细节，为人们提供更丰富的景观体验。

人在静止空间中注意力是比较松散的，当有物体突破静止的状态产生速度时，人的目光会追随着运动的物体，物体运动速度越快，人的注意力就越发集中。例如在高速行驶的汽车、火车中，呈现在人眼前的是一个动态的景观序列，随着时间飞逝，人在高速行驶的过程中难以细细观赏周边景观，而是快速捕捉景观整体的特征。沿途景观设计要寻求统一与变化的协调发展，两旁的物体应该静止且有规律地出现，增强驾驶员视觉轴线，把注意力集中于行驶的方向；避免因变化过多，使人产生审美疲劳，影响驾驶安全。因此在景观设计当中要注意人在行驶过程中的节奏感和韵律感，使人产生愉悦的心情，达到安全行驶的目的。(图4–16)。

图4–16　车行过程中捕捉到近景整体特征，浏览到景观的远近层次和节奏与韵律

景观设计应依据“看”与“被看”的基本情况展开，包括观赏点位置、观赏效果、视景线、塑造焦点景观等方面的综合考虑。重要性时间设计需要设计师结合过去、现在、将来三个时间节点进行综合考虑。在柯林·罗和弗瑞德·凯特合著的《拼贴城市》一书中，强调城市是历史进程下的沉淀，时间对于城市设计及其理论研究有着重要影响，时间的历时性会转换为共时性的空间（图4–17至图4–19)。

图4–17　维也纳皇宫历史景观广角

图4-18　法国枫丹白露中的喷泉焦点景观

图4-19　威尼斯水上游览共时性空间景观

第五章
景观的艺术设计

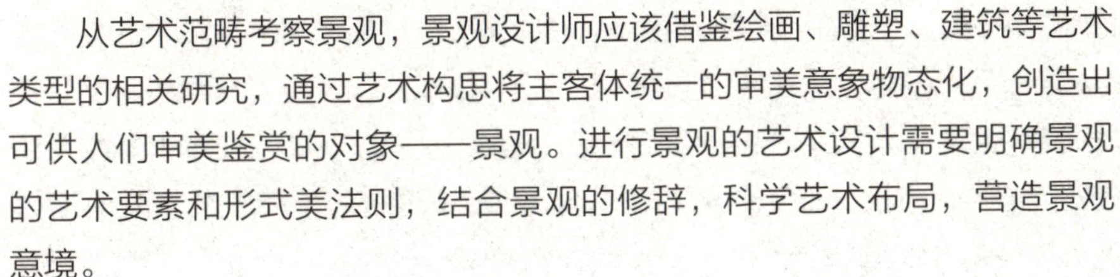

从艺术范畴考察景观，景观设计师应该借鉴绘画、雕塑、建筑等艺术类型的相关研究，通过艺术构思将主客体统一的审美意象物态化，创造出可供人们审美鉴赏的对象——景观。进行景观的艺术设计需要明确景观的艺术要素和形式美法则，结合景观的修辞，科学艺术布局，营造景观意境。

第一节 | 艺术要素

景观设计所涉及的艺术要素包括景观形态、色彩、纹理与质感等，各要素相辅相成，在整体设计中，艺术的核心内涵要落实到每个要素上，实现艺术与功能的协调（图5-1）。

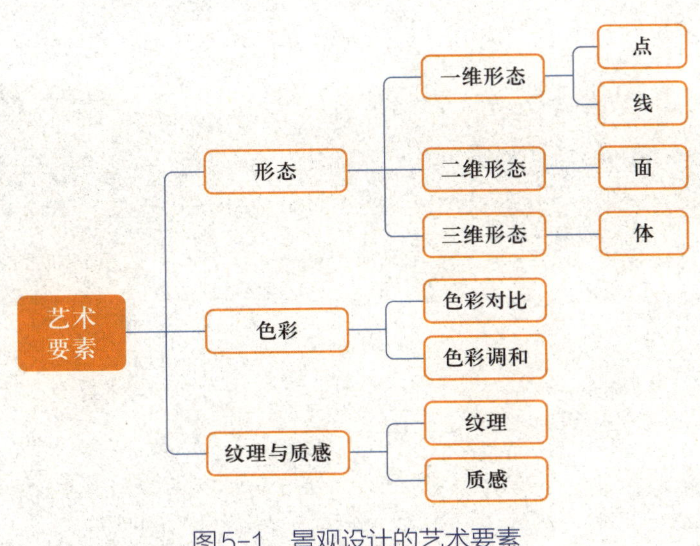

图5-1　景观设计的艺术要素

一、形态

“形态（Morphology）”一词源于希腊语Morphe（形）和Logos（逻辑），指形式的构成逻辑。“形态学”源于生物学，研究生物体的形态（如外形、构造等）及其转化。地理学家提出了“文化景观形态”，受其影响，建筑师康泽恩认为城市景观形态是社会愿望和经验的表达。景观形态反映了社会思考，是最直观、可见的要素，最易被识别。景观形态主要通过点、线、面、体表现景观空间及景物。

1. 一维形态——点、线

从几何学角度看，点是构成万物的最基本的元素及表现形式，任何事物都可以点的形式存在。点具有独特的魅力和特点。点本身就是最简洁的形，只有张力没有方向，无论是何种形状的点，它的内在张力总是向心的。康定斯基认为点具有内在生命。景观中重要的景点、景点中重要的主题等都是“点睛之笔”。点可以使一处景观气韵生动。点的物理张力对人的影响表现在视觉及心理方面，即点的张力向四周传导，犹如向水中抛一块石子时，以石子为中心，会出现一圈圈的涟漪，水波的振动传向远方，视阈随之扩展，引人联想（图5-2）。

图5-2　枫丹白露花园的小型建筑在水中以点状景观被聚焦，随视距变化景观更清晰生动悦目

点在运动中留下的轨迹就形成了线，线的简单与复杂在于作用力的不同方向的变化。线可以描绘空间或景物的外在形态。线条简洁但信息量丰富。线的粗细、曲直、长短等给人以不同感受：粗线表现力量、细线表现精致，曲线表现柔美、直线表现稳定，长线表现悠远、短线表现亲切；相交线所成的角不同也给人不同感受，直角易使人产生稳定均衡感，锐角易使人产生紧张感（图5-3）。

图5-3　枫丹白露花园中的植物直线排列呈现稳定、悠远的景观效果

2. 二维形态——面

从几何角度来看，点可以形成线，线可以连成面，在景观中，面被广泛应用，如典型的道路、广场等地面设计等。不同的面有不同的表现方向，产生不同的视觉效果。三角形给人危险、尖锐的感觉，圆形给人柔和、圆满的感受，方形给人稳定感，如广场常见圆形和方形。长方形有明显的方向感，如长度不等的道路。面可以构建景观空间和实体，不同的面所构成的空间或实体，在形状、大小、方向、视觉重心和色度等方面可能有差异。面具有丰富多变的形态和较强的表现力，可以使人有不同的场景体验（图5-4、图5-5）。

3. 三维形态——体

体由面构成，不同数量及形态的面构成不同的景观空间和实体。三维视角下的景观空间和实体的形态更为直观、具体、复杂。景观的地形、生态环境（土壤、植被、水体）以及历史文脉（古建筑）对景观空间的布局结构和拓展具有重要影响，如地形往往构成景观的基本骨架和特征。景观的三维形态是动态发展的，其中水体和植被随季节会发生变化，如干湿季水量的变化，植物四季变化及生长衰亡。总之，点、线、面、体构造出丰富多样的景观空间和实体。设计师应该将点、线、面、体完美结合，表现景观的艺术品质。

图5-4　洛杉矶某商业中心的庭院空间点线面构造的景观

图5-5　广东南沙大酒店墙面、地面等形成稳定感

二、色彩

色彩对视觉有刺激作用，在景观设计中有先声夺人的功能。“远看色近看花”正说明色彩极易引起人的情感反应与变化。景观设计应关注色彩的观赏价值。

- **三原色**：红、黄、蓝，按不同比例混合，便形成丰富多样的颜色。
- **间色**：红+黄=橙色，蓝+黄=绿色，红+蓝=紫色。
- **对比色**：如红色与绿色，蓝色与橙色。
- **暖色**：红、橙和黄色会给人以热情、兴奋之感。
- **冷色**：蓝、绿和紫色则给人以沉静、凉爽及深远之感。
- **白色**：混合在不同的颜色中，有调和之感。

1. 色彩对比

两种以上的色彩，通过时空关系能表现出差别。色彩对比需要把握三要素即：色相对比、明度对比、纯度对比，色彩的冷暖对比亦至关重要（表5-1、表5-2）。

表5-1 明度对比

色组	基调	感觉	实例	色彩使用
暗色组	低明度	沉静、厚重	紫色	黄色+大量的黑色
明色组	中明度	柔和、稳定、高雅	蓝绿、红橙	蓝色+黄色 红色+黄色
亮色组	高明度	明快、华丽、清朗	黄色	紫色+大量的白色

表5-2 纯度对比

对比	基调	感觉	说明
强对比	高纯度	强烈、鲜艳、明丽	纯度高的颜色使人印象深刻，也容易产生厌倦，与低纯度颜色配合，才能细腻、含蓄、耐着持久
中对比	中纯度	温和、柔软、沉静	
低对比	低纯度	脏浊，含混无力	

2. 色彩调和

在配色构成的色相、明度、纯度三个要素中，凡是有两个要素类似或接近，就可达到调和的效果。植物景观设计中，色彩调和有助于景观统一，是为大众所喜爱的或欣赏的。色彩三要素间的强弱变化关系涉及色彩的调和，例如良好的植物配色、延长盛花期，能加强视觉效果，强调植物特征和季节性，从而产生持续的动态景观。各种色彩组合直接影响景观的色彩艺术效果。设计师必须了解基地所在区域可用植物的周期变化，设计配色方案（图5-6）。

图5-6 调和花色应用（北京植物园）

三、纹理与质感

1. 纹理

纹理是物体上呈现的花纹。在景观中通常指景观材料本身的花纹，也常作为一种装饰纹样用于实体表面，看成是人们对美的一种追求。

从形成过程看，纹理可分为自然式纹理和制作式纹理两类。自然式纹理指未经特意加工的自然界材料本身的纹理，包括直接或间接纹理。直接纹理是指物体由于材质、色彩，以及在自然状态下物质的变化所形成的纹理效果；间接纹理主要是设计作品的成型过程中产生的不可控和偶发性的纹理，不经意间形成的具有一定美感的纹理。制作式纹理是指人为地对原材料进行纹理创造。通常以手和工具经过压、划、印、刻、粘等方式在材料表面留下的纹理痕迹，是创作者意识行为的反应，也是设计师寻找新技艺、探索新语言、抒发其灵感的有效途径。

纹理是景观设计师关注的重要艺术要素。在某种程度上，设计师通过运用材料纹理，将造型与装饰形式转变为情感表现的载体，传达设计观念和人文价值。纹理表现可以通过视觉和触觉两种途径让人体验。视觉上有纹理形式、颜色、光亮、细腻等感觉，触觉上有纹理的粗糙、光滑、凹凸等感觉。还可延伸到审美体验，例如润泽端庄、平滑无瑕的美，或野趣横生、朴实、自然的美。疏密有致、均衡匀称的纹理能营造柔和舒适的氛围；对比强烈的纹理能引发热烈、紧张的情绪；形态错落、不规则的纹理能带来不安、活跃、虚幻的心理暗示；形态粗犷的纹理能给人舒适自在的形态美感。

2. 质感

质感是人对某种物质的真实感受，也指艺术品所表现的物体特质的真实感，通常是人体的视觉以及触觉对某种材料产生的印象，是材料的一种属性。生态心理学家吉布森（J. J. Gibson）强调纹理在“视觉世界”感知中的重要性以及基于纹理表面布局的三维空间视觉感知。心理学中对触觉的相关研究解释了“视觉世界”与质感间的内在联系，通过“视触”联觉，将可见的材料质感转化为记忆中的触觉信息，进而引发视触觉，并证实触觉对景观空间及实体的大小、形状、位置和距离的感知具有规律性的影响。日本著名构成教育家朝仓直巳（1985）认为“质感是物体的肌肤，也是与任何物体有关的造型因素……它必须是视觉的，同时也必须是触觉的。物体肌肤的构成单位非常细嫩时，质感则被认为是近乎色彩的感觉；反之，则加强形态认知的知觉作用”。

质感可分为触觉型与视觉型两类。[①]触觉型质感由皮肤对压力、疼痛、冷暖等感

① 朝仓直巳. 艺术 · 设计的平面构成［M］. 林征，林华，译. 南京：江苏凤凰科学技术出版社，2018：278–280.

觉而产生，可感知到物体或材料的凹凸、粗细、软硬、干湿、冷暖、轻重等物理特性；视觉型质感是由视觉所感受到的触觉经验，不同的是视觉增加了对“光泽”与“透明”的感受。绘画、版画、雕塑、摄影艺术等，通过不同的线条、色彩、明暗及相应的笔触、刀法、用光，可以真实地表现出对象所具有的特殊质地，如皮肤的柔嫩或粗糙、首饰的光泽、玻璃的透明、钢铁的硬重、丝绸的飘逸等，使人产生逼真之感。在景观中，质感可指人们感受到的景观气息，可以是一个古老的故事、一个传统的习俗，以及自古以来的生活细节；也可以是独特的山水地貌，让人能感觉到鲜明的地域性，更可以直接呈现在建筑、道路场地、植物、水体、景观小品及其他设施等实体上或空间界面上，尤其材料质感能带给人直接的触觉体验。景观中常用材料质感属性可以包括以下内容。

①物理属性：硬度、强度、弹性、黏性、材质密度、温度、湿度、重量、透明度；②表面形态特征：表面粗糙度、形态完整性、表面反光性；③表面纹理特征：纹理密集度、纹理深度、纹理形态及方向、对称性、复杂性；④使用评价：舒适度、价值判断、功能性、可行性、安全性、适用范围；⑤审美评价：时代感、生态性、秩序性、亲和度、活力度、稳定性、魅力、喜好等。

景观材料种类非常丰富。按材料本身物化属性及常见表面形态，可分为12大类，包括①针织布艺、毛皮；②陶瓷；③石膏、陶土；④砖石、混凝土；⑤玻璃；⑥金属、合金；⑦塑料、树脂、橡胶；⑧涂料、抹灰；⑨木材；⑩纸；⑪植物；⑫其他。还可如下分类：

按材料用途可分为：①建筑结构材料，包括木材、竹材、石材、水泥、混凝土、金属和合金、陶瓷、砖瓦、玻璃、工程塑料、复合材料等；②建筑装饰材料，包括各种涂料、油漆、镀层或涂层、贴面、瓷砖等；③专用建筑材料，是指具有特殊功用的材料，如用于防水、防潮、防火、耐热、保温、隔音等的材料等。

按材料来源，可分为天然材料如石材、木材等；人造材料如金属、水泥等（图5–7）。

图5-7 天然材料和人造材料的运用

第二节 | 形式美法则

黑格尔《美学》指出："美是理念的感性显现。"美凭直觉而被感知。形式美是自然中各种形式因素（色彩、线条、形体、声音等）有规律的组合。形式美表现在统一、均衡、比例、尺度、韵律、布局序列等中，例如建筑之美是化"美"之无形于有形，从一种"感受"化为一种"范式"。[①]形式美法则是规律性经验，景观设计可以运用变化与统一、对称与均衡、节奏与韵律、对比与调和等实现形式美。对比与调和主要表现在景观色彩设计中，在上文的色彩中阐述，这里不再重复。

一、统一与变化

1. 概念解读

统一与变化是各类艺术形式美的基本规律。景观设计构图中的统一性强，表现的景观较单纯，具有一定的美感。如果统一而无变化，则显呆板单调、无趣，美感也难持久。统一中应有变化，但变化也要有规律，无规律的变化会导致混乱和繁杂，因此，变化必须在统一中产生和运用。

2. 设计分析

景观设计力求内容与形式以及形式内在的统一。统一与变化设计，首先要考虑设计的局部经放大后与整体有相似性，即局部与整体之间保持了统一性；其次要考虑设计的局部要有精细的结构和迭代变换。例如波兰数学家瓦茨瓦夫・谢尔宾斯（Waclaw Sierpinski）1916年提出谢尔宾斯方毯，它是由无数与其自身相似的、不同比例的小谢尔宾斯方毯组成，具有部分与整体相似的性质，将其一部分放大后得到的是与整体相似的图形。谢尔宾斯方毯在组成元素和组成模式上体现出了高度的统一性，而组成元素在大小和位置上又具有递归式的变化特点。

景观设计中的各元素形态不相同却因秩序统一在整体设计中，实则是个性与共性的联系与转化，反映了美学观念里和谐统一的美的形式。统一与变化中可以运用强调差异性的对比和强调相似性美感和舒适度的调和手法。常见的对比效果有虚实、聚散、繁简、疏密、主次、轻重、大小、方圆、长短、粗细、曲直等。使用对比与协调法，能够增强形式美（图5-8、图5-9）。

---

① 托伯特・哈姆林.建筑形式美的原则［M］.邹德侬，译.北京：中国建筑工业出版社，1982.

图5-8　维也纳宫苑中的景观元素的层次的统一与变化

图5-9　韩国某公共空间景观元素的形态统一与变化

二、对称与均衡

1. 概念解读

对称与均衡意味着美和协调。对称是指图形或物体对某个点、直线或平面而言，在大小、形状和排列上具有一定的对应关系。均衡又称平衡、均匀或相等，对立的各方在数量或质量上相等或相抵，从物理学上解释为几个力同时作用于一个物体上，各力互相抵消，使物体呈现相对的静止状态。对称形式给人以稳定、沉静、理性、逻辑性的美感，常用于较为正式或具有特殊意义的设计中；均衡形式给人更加活泼、变化、动态的美感，一般适用于轻松、活跃氛围的景观设计中。

2. 设计分析

对称与均衡源于人们对自然的探索，并通过模仿、提炼、转化、重构手法将其运用于艺术设计中。对称与均衡在设计中可以理解为多个事物的形态在空间排列或时间起始上对等或相似的构图，表现出较严格的排列秩序。整齐、有序、和谐、韵律的布局使景观实体或空间充满了美感，迸发庄重、严肃、宏伟的思想情感。基于功能及视觉效果考虑，设计可以采用整体布局对称、局部均衡法则（图5-10）。

图5-10　动感与稳定的造型设计

对称与均衡形式法则使设计形成基本的稳定结构，运用广泛。如古建筑，小至民居住宅，大至皇家园林，甚至城市规划等都有运用。古代北京永定门至钟楼的城市中轴线全长约7.8千米，设计了北京前后起伏、左右对称的壮美秩序，也是世界城市建设历史上最伟大的城市设计范例之一，被梁思成先生誉为“全世界最长，也是最伟大的南北中轴线”，表现出首都庄严宏大的气魄，凸显了秩序与和谐。凡尔赛宫苑是法国的造园艺术成就最集中的体现，凡尔赛宫宏伟壮丽、中轴线突出、严谨对称，东西主轴长约3千米，如包括伸向外围和城市的部分，则有14千米长。规模宏大，尺度巨大，给人以强烈的视觉冲击和心理震撼，宏伟壮丽的皇家气派直入人心（图5-11、图5-12）。

图5-11 凡尔赛宫苑大轴线控制的对称与均衡布局

图5-12 凡尔赛宫苑局部花园的对称与均衡布局

三、节奏与韵律

1. 概念解读

节奏是具有规律性的一种重复排序。在音乐中，节奏是指由声音节拍按顺序排列后而产生的一系列音律的变化和重复，在某种程度上体现了一定的时间感。“韵律”意为声韵和节律，韵律是在节奏的基础上加以形体的变化与错落排序所产生的韵味，更多偏向于人的心理感受。相比于韵律，节奏更简洁、强烈和明确，韵律则更加丰富、多变且更有韵味。节奏与韵律被广泛应用于音乐、舞蹈、诗词文学、绘画书法及建筑的创作中。有声艺术其美感来源于听觉，无声艺术其美感主要来源于视觉。在设计中，某种图形、色彩、材质或形态的反复出现和运用，并富有变化，可以给人带来强烈的节奏和韵律感。

2. 设计分析

节奏能在一定程度上反映设计对象连续变化的过程，即对比或对立因素有规律地交替呈现，给人以优美的视觉感受。韵律在某种程度上看是节奏的升华。设计师要将景观形式、色彩、图形图像控制在统一和谐的韵律之中，突出节奏主音，塑造韵律高潮。总之，节奏感注重条理性、规律美，韵律感关注情思、意境、理想，节奏和韵律相互依存、相互融合。节奏上的形态变化和韵律上的情感色彩相统一，有助于整体设计富有生命力，具有美感和艺术价值（图5-13）。

图5-13　景观元素的形式及色彩设计形成的节奏与韵律

第三节 | 景观的修辞

修辞是运用简单直接或充满想象的方式对复杂抽象的想法进行阐释，从而促进思想情感的传递。公元前4世纪，亚里士多德《修辞学》（*On Rhetoric*）首次定义修辞是“一种在任一（特定）情况下使用可能的劝说手段的能力”，并提出修辞的三大要素，即Ethos（Ethical appeal）、Pathos（Emotional appeal）和Logos（Appeal to logic），可分别译为“信誉诉求、情感诉求和理性诉求”。景观的修辞可理解为由设计师将自己的想法和概念运用到作品中，利用语言学的象征、比喻等设计手法来传达景观思想，使得景观变得更加通俗、深刻，易于理解。

一、象征

1. 概念解读

《辞海》中认为象征是用具体事物表示某种抽象概念或思想感情。《汉语词典》中认为象征是用具体的事物表现某种特殊的意义，例如火炬象征光明，周敦颐曾用“出淤泥而不染”来形容荷花，荷花象征洁净、高尚品质。哲学家黑格尔认为艺术的发展始终与象征相伴。在原始社会早期出现的自然崇拜等观念下，产生了大量的以象征为主体的原始艺术，如图腾、岩画、神话雕刻等。之后，出现了大量的象征艺术，如诗歌、文字、音乐、建筑、绘画等，再如中国人的龙图腾、俄罗斯熊图腾、日本的菊花和樱花图腾，以及民俗文化符号中的松菊象征长寿、牡丹象征富贵。

2. 设计分析

我国江南古典私家园林中的门窗经常用吉祥寓意的图案，如圆形、葫芦、宝瓶、海棠花等，象征事事顺心、圆圆满满、平安吉祥之意。清代营造园林大量运用象征手法，例如圆明园、长春园、万春园的福海三岛象征蓬莱三岛；湖面中设置九个岛屿，象征着天下九州。颐和园中，大量运用植物的象征手法表达造园者的思想寄托。园区的政治核心仁寿殿前庭院栽种的植物以松、柏、楸、槐为主，枝叶繁茂、冠盖群木、古老寿长，行列栽种有序，松柏不仅寄予“天人合一”和“君子比德”等传统思想，松柏还象征君王坚忍不拔的品格，寓意皇权长盛不衰、万古长存，并充分体现皇家园林的威仪雍容（图5-14）。

颐和园知春亭景区，亭畔柳桃间植，春景殊胜，春讯先知，见柳而知春，传“知春”二字源于“春江水暖鸭先知”。乾隆《知春亭》：“璇龠循环运四时，东皇一气百昌怡，春来有象由无象，亭付无知为有知。”柳芽吐绿，象征春天和生命。“知春”涵盖了建筑的精神追求。

天坛祈年殿是明清两代皇帝祈谷丰登的场所。祈年殿内部木结构结合了年历概

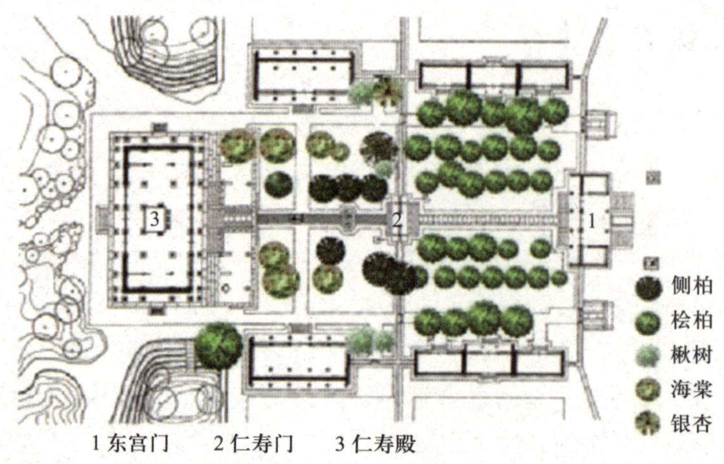

图5-14　仁寿殿前庭园规则式布局，运用常绿植物油松象征皇权永固

念和天象寓意。28根金丝楠木大柱，其中内层的4根龙井柱把大殿分成四个空间，每两柱之间是一个开间，象征四季；中层12根象征十二个月份；外层12根与门窗相连，象征十二时辰；中外两层柱24根象征二十四节气。3层共28根大柱，象征着周天的28星宿，体现我国古人最初形成的宇宙观，即所谓的“天人合一”。祈年殿是与天对话的圣地，表达了人们追求圆满，以及对丰收的期盼（图5-15）。

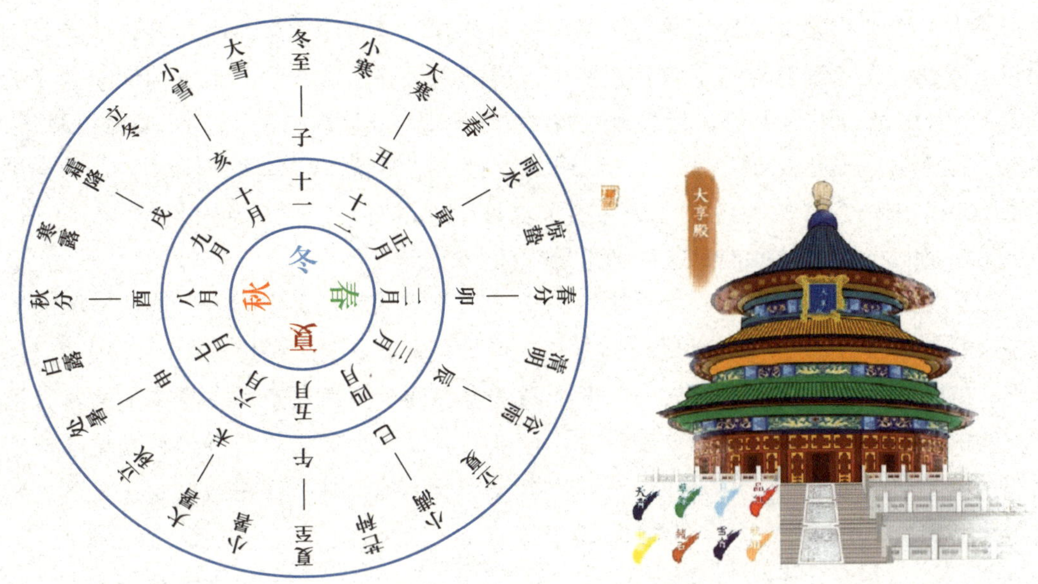

图5-15　年历，天坛大享殿色彩及八种古色

（天青/草绿/月白/品红/明黄/赭石/雪青/琥珀）

西方园林也有象征的表现方式。例如法国凡尔赛宫总体布局是路易十四统治集权的象征，包括法兰西八条河流伴随上帝、行星和季节的象征意义；植物的象征也应用广泛，玫瑰花象征爱与美、幸福美好；橄榄枝象征和平。

二、隐喻

1. 概念解读

隐喻是把某事物比拟成和它有相似关系的另一事物，也叫暗喻。隐喻是在某类事物的暗示之下感知、体验、想象、理解、谈论此类事物的心理行为、语言行为和文化行为。巧妙地使用隐喻，有助于使设计表现得更生动、简洁、灵活、形象或加强等。20世纪70年代至今，西方理论界对隐喻现象进行了系统深入研究，对语言界、文艺界、建筑界等学科产生了很大的影响。1982—1983年，霍夫曼和史密斯出版了《隐喻研究通讯》，后来改名为《隐喻与象征活动》，推动了隐喻研究。隐喻是一种表达人的意向的重要手段和方法，能够充分表达事物的内涵特征，是一种传达精神世界和城市意向的重要设计手法，如景观性符号在隐含层次上可以表达一种意欲。正如密斯·凡德罗所说，建筑是将时代的意义转化为空间，任何以实用为主的建筑物，若要实现其价值，就必须能诠释其时代意义。

2. 设计分析

《诗经》把竹子和美德联系在一起，其中的咏竹名句“瞻彼淇奥，绿竹猗猗”为千古传唱。东晋很多文人墨客热衷于竹，王羲之在《兰亭集序》中有“茂林修竹”的词句。唐朝，文人墨客对竹子的朴素赞美，隐喻着内在的胸襟与气节。白居易的《养竹记》，以比德为中心思想，借竹来比喻道德。宋代朱熹在岳麓书院大量种植绿竹，体现了作为新儒学的比德思想。“竹径通幽”和“结茅竹里”是古典园林艺术营造幽静氛围的手法。东晋的大诗人陶渊明追求这种生活的环境，之后唐朝的杜甫、王维、白居易、清代的郑板桥都推崇这种隐逸的生活状态。

纪念景观常采用隐喻的设计手法。纪念主题与实际场景紧密结合，传达空间的人文主义精神，产生多感官联动的体验效应。9·11国家纪念广场设计中，运用“倒影缺失”的理念，让人体验到“失去”的强烈感觉。两个下沉式空间，隐喻了两座大楼留下的倒影，或被理解为两座大楼曾经存在过的记忆。为避免景观过多的变化削弱广场的纪念意义，选择单一的树种——橡树形成广场上的森林。橡树四季变化表达出生命的轮回更替，隐喻生生不息（图5-16）。

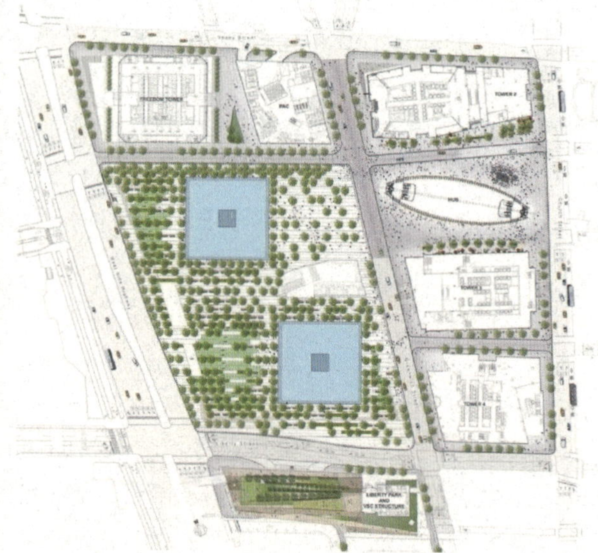

图5-16　美国9·11国家纪念广场设计中运用隐喻表现纪念意义

三、反复

1. 概念解读

反复是用同一语句，一再表现强烈的情思。当人们对于事物有热烈深切的感触时，往往不免反复申说，这种修辞往往能够给观者一种“简纯的快感”。景观设计中表现为景观元素的反复出现、螺旋交替、贯彻始终，从而强化设计体验。反复性元素甚至可作为景观展开的线索，引导景观情节不断向前推进。由于反复，空间层级更加丰富。

从美学角度看，从古至今在长期的审美活动中，中国人对整齐划一的形式产生了审美情感。单一的事物不易显眼，但是通过对同一要素复制并且按照规律进行组合便会显现出磅礴的气势。反复能够形成让人有审美体验的一致性，还能在此基础上形成对称均衡的美感。

2. 设计分析

运用反复修辞的设计就是基于“自相似性”的分形学原理。分形重复既可形成不同的景观效果，又使景观形成有机整体。例如植物设计反复运用分形图形，在形态上是相似的、重复的，在空间序列上却是主次分明的；或者虽然形式多变，但由于具有“自相似性”，因而仍保持着统一聚合的力量。分形的重复是一种“自相似性”的重复。反复已成为景观最为活跃的几何形式之一（图5-17）。

图5-17　维也纳美泉宫花坛对于植物的色彩和形态的反复运用

第四节 | 景观的意境营造

意境是艺术创作中借助形象传达的意蕴和境界，尤其在诗词、绘画创作中，有无意境、意境的高低成为评价作品优劣的重要标准。我国古典园林中通常侧重对自然美的高度概括和鉴赏，以及将人生哲理赋予到园林中，寄情于景，表达高尚的文人情操，营造富有诗情画意的园林，形成特有的艺术境界和情景交融、虚实相生、韵味无穷的审美特征。

一、诗情画意

如诗的感情、如画的意境，用以形容一种文学意趣，也形容一份美好景致。景观设计往往借助大自然的秀丽风光，来表现人们主观的境界，将情感、胸臆融于一体，以大自然中最富诗情画意的形象来传达深刻的主题，从而表现出审美思想，实现寓情于景、情景交融的境地，引发观者的联想与思考。在空间组织与游览感受上，设计带给人们更有意趣的体验、与绘画文学相通的美的感受。

1. 诗词歌赋与园林

中国传统诗词歌赋与园林相互渗透融合、相互促进发展。诗词歌赋浓缩、升华了园林艺术，而园林从诗词歌赋中获得启发和感悟，从而具有更宽广的视野和更高的灵性，并成为抒发意境的重要载体，园林也因此而扬名千古。

魏晋南北朝山水诗盛行，建于自然山水间的园林因而流芳百世。东晋著名书法家王羲之《兰亭集序》中描述“此地有崇山峻岭，茂林修竹；又有清流激湍，映带左右。引以为流觞曲水，列坐其次。虽无丝竹管弦之盛，一觞一咏，亦足以畅叙幽情”完全体现了园林建筑的自然主义思想。

唐杜牧《阿房宫赋》中描写：“五步一楼，十步一阁；廊腰缦回，檐牙高啄；各抱地势，钩心斗角……。长桥卧波，未云何龙？复道行空，不霁何虹？高低冥迷，不知西东……”写出阿房宫楼阁壮丽雄伟之气势、建筑之韵味和意境。王勃《滕王阁序》中“物华天宝”“人杰地灵”“渔舟唱晚”“雁阵惊寒”“落霞与孤鹜齐飞，秋水共长天一色”等名句传扬八方，“滕王阁”之名连同其区位、形制、建筑形态、内外装修，也随之传遍四海。还有王维的辋川别业、白居易的庐山草堂等世代流传。

南宋所传的后经清康熙帝御题后定型的“西湖十景”（即断桥残雪、平湖秋月、曲院风荷、两峰插云、苏堤春晓、花港观鱼、南屏晚钟、雷峰夕照、三潭印月、柳浪闻莺），反映了中国古代文化艺术中诗、画、景在审美和哲学层面上的有机结合，2011年被列入《世界遗产名录》。经典景观体现了人与自然的融合。清朝钱咏《履园丛话》说：“造园如做诗文，必使曲折有法，前后呼应。最忌堆砌，最忌错杂，方成佳构。”著名园林学家陈从周曾说：“园之佳者如诗之绝句，词之小令，皆以少胜多，有不尽之意，寥寥几句，弦外之音犹绕梁间。”

2. 楹联匾额点化意境

楹联是指楹柱上的对联，既有诗的意境，又有词的句式，更有赋的铺陈，凝聚了中国文化和哲学的精髓。匾额是指悬挂于门屏或点缀于建筑物檐下有题字的装饰物，表达人们义理、情感，标记建筑物的名称和属性。楹联、匾额融文学、书法、雕刻于一体，巧妙点缀的楹联、匾额，词雅意深，充满了深厚的文学意蕴和文化内涵，成为园林建筑装饰的点睛之笔。

颐和园中多数建筑附有匾额、楹联，营造氛围。玉澜堂“渚香细浥莲须雨，野色轻团竹岭烟”，全联字面意思：湖边的莲花得到蒙蒙细雨的滋润，香更浓，色更艳；山间翠竹在淡淡雾气笼罩下，越发显得苍翠光艳。全联将荷花和竹比作君子，暗喻君子贤人处在良好的环境中，得到精心的培养和呵护，品德会更加高尚。而为了营造意境，传达思想，堂中种植象征君子贤人高尚品格的松、竹、荷花，体现了乾隆皇帝的文学素养及“仁、寿”等美好愿望。

3. 绘画技法助力园林

传统山水画对古典园林有着深刻的影响。在时间上，古典园林发展的转折期、全盛期和成熟期与中国山水画发展相呼应；在艺术造诣上，它们都追求方寸天地中的师法自然和意境美的表达；在设计建造上，很多文人画家参与园林建造；在创造思想上，它们都源于对自然美的表达，以及中国特有的隐逸、闲情文化和蕴含儒释道哲学思想的山水文化，二者在发展中相互促进。

（1）造园立意，明确主题。

立意源于诗词歌赋，或名山胜景，或神话典故，或宗教信仰等，达到托物言志的效果。根据立意选址，合理布局，巧妙组织山水、植物、建筑等要素，从而向观赏者传达意境。苏州拙政园主人王献臣借用西晋文人潘岳《闲居赋》中“筑室种树，逍遥自得……灌园鬻蔬，以供朝夕之膳……此亦拙者之为政也”之句取园名，暗喻把浇园种菜作为自己（拙者）之政事，为建园立意。拙政园以水景见长、以林木绝胜著称，虽几易其主，数百年来一脉相承。

（2）咫尺山林，小中见大。

中国山水画和园林都追求在方寸天地中包含万千世界。园主人为了实现足不出户就能饱览美景的目的，把名山大川的自然美移植到有限的庭院，于有限空间创造无限意境。他们通过改变地势、叠山引水、栽树移花、修建亭台楼阁来分割空间；在曲径通幽中，创造丰富的园林景观。唐王维在《山水论》中说：“丈山尺树，寸马分人。远人无目，远树无枝……”从中可以了解到作画的比例关系以及画中远景近景的画法。网师园内用长2.4米，宽不足1米的三步桥的小体量来反衬周边山水的气势，以小见大。

（3）主从分明，和谐构图。

在传统山水画构图中都有主景和配景之分。山水画论著如朱和羹在《临池心解》中道："写山水家万壑千岩，经营满幅，其中要先立主峰。主峰立定，其余层峦叠嶂，旁见侧出，皆血脉流通。"主峰控制构图。造园名著《园冶》中论述："凡园圃立基，定厅堂为主。先乎取景，妙在朝南。……假如一块中竖而为主石，两条傍插而呼劈峰，独立端严，次相辅弼，势如排列，状若趋承。"即是论建筑及山石建造的主次顺序，和谐构图。

（4）虚实相生，疏密有秩。

清画家郑绩说："如一处聚密，必间一处放疏，以舒其气，此虚实相生法也。至其密处有疏……疏处有密。"在山水画构图中，近为实，远为虚；显为实，隐为虚；密为实，疏为虚；有为实，无为虚。园林中"虚"可为湖水、云霭、浅滩，景色因时空而化；而"实"为山石、建筑、植物、人。虚与实互补协调。例如颐和园昆明湖的水光天色与万寿山相依，形成了疏不见缺、旷不觉空的虚实相间的美感。藏露得宜、层次深幽、含蓄有致则是另一番意境。

（5）散点透视，步移景异。

苏联艺术家爱森斯坦（Sergei Eisenstein）曾说："中国人的山水画不是让人只看到单一的深度，而是让人的视点沿着全景伸延下去，使得山和瀑布都像向我们移动。"中国山水画长卷式的构图能够在画面中连续表现景物。观者在欣赏长卷时通常无法一目统揽全局，需要随着脚步的移动才能将画面浏览完全，同时画面的透视也在随着观者的移动而发生变化，这就是散点透视的动态效果。反映在中国古典园林中就是时空结合的设计，当人们观景时，犹如看到一幅美丽的山水画面，亭台楼阁配合山峦起伏、烟波浩渺、花木繁盛，步移景异。这不仅表达出园林艺术的时空形式变化，还表现出追求天地之大美意境，古典园林是可观、可赏、可游、可居、可行的诗意人居（图5-18）。

图5-18　颐和园廓如亭、十七孔桥、南湖岛形成动态的连续画面

（6）身临其中，看与被看。

景点既具有优美的形态作为欣赏的对象，还可以提供合适的驻足地去欣赏周围的景物。在空间布局上，可以是点对点，也可以是一点对多点，有对景、借景、框景等多种表现形式，形成看与被看的格局。例如拙政园中的“与谁同坐轩”位于西园水中小岛的东南位置，平面扇形，立面有四面、四柱，面朝水面，视觉开阔。身在亭中无论是倚门而望，还是凭栏远眺，或者倚窗近观，都可以看到前后左右的美景。立意源于苏轼《点绛唇·闲倚胡床》：“闲倚胡床，庾公楼外峰千朵。与谁同坐。明月清风我。”表现作者只与清风明月为伍的孤傲气质，同时诗词中的反问与游客形成思想互动。

二、造景手法

1. 主景与配景

景无论大小均应有主配之分。主景能控制全局作用，是园林的核心、重点和视线焦点，呈现园林主题或主要功能。主景又可分级，区分整个园林的主景和被园林要素分割的局部空间主景。例如颐和园佛香阁是全园主景，仁寿殿则是临朝理政区主景。配景对主景起到衬托作用，主景与配景之间实质上也是等级之分。主景与配景相得益彰，在不同景区、景点和空间中应有主有次，重点突出（图5-19）。

图5-19　排云殿建筑群运用轴线控制形成线型空间构图

突出和强调主景的方式方法很多。从水平方向上考虑，运用轴线或视景线的焦点布置主景，或在开敞空间内的中心布置主景（图5-20），例如把喷泉放在公园中心或者城镇中央广场，突出主景中心地位。从竖向上考虑，可以将主景本身做高做大，或抬升主景，例如把纪念碑或建筑物置于高山或丘陵之巅，能强调其重要性。从元素的重复组合上考虑，例如西班牙阿尔罕布拉宫里形式多样的喷泉，无论低矮的涌泉、弧形的水线，还是墙上的喷泉从台面上迸射出来，跌落在盆池里，都在声和形上相似，通过对水的艺术化处理，强调水景重要性。

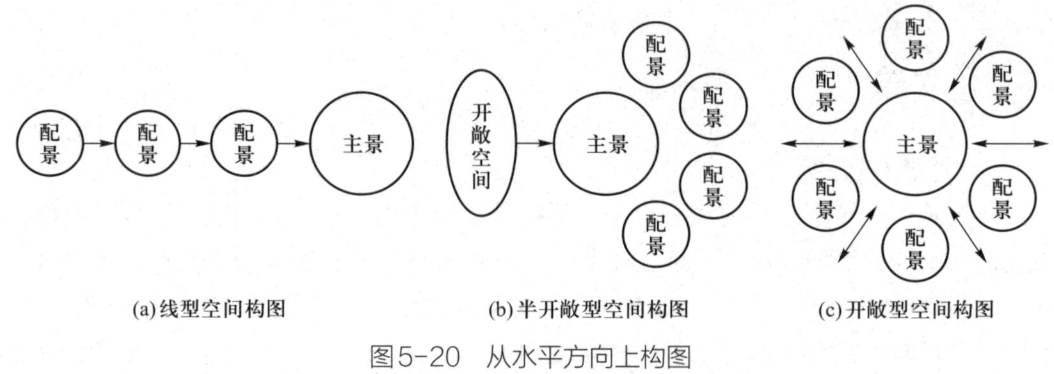

图5-20　从水平方向上构图

2. 对景与障景

对景是相对为景，观景点与其他景点之间通过视线组织构景的方法。观景点和被观赏点均可由建筑物、水体、假山石、植物等要素组成。障景是景观中用于遮挡视线的屏障物，将佳景隐障，实现引人入胜、柳暗花明的艺术效果。障景因材料可分为山石障、院落障、影壁障、树丛、树群障等。对景强调景观的可观赏性，可一对一或一对多。对景与障景结合，可表现显隐兼容的效果。如童寯等言："为园三境，回廊曲桥，迂回曲折，隐现无穷。"其一曲一折与周围建筑布局关联密切，使有限的园景形成无限的景观界面。虚实交融，充分体现"虽由人作，宛自天开"的造景原则（图5-21）。

3. 框景与漏景

我国古典园林中善于以各种框的形式取空间景物或自然景色，即框景。框景常利用窗、门、柱、植物、山石等形成框架，将外部自然风光纳入框中，用框景来强调画面景观。"以窗作画""佳则收之，俗则屏之"，使所观之物如同一幅生动的自然画卷，增强视觉感染力，营造出诗情画意的审美意境。框景的作用是有效增加空间的层次感，实中有虚，虚中有实，渗透融合。

漏景是透过虚隔物看到的景象，也叫泄景，漏景能丰富景观层次。虚隔物可以是漏窗、洞窗、隔扇、栅栏或疏朗的树干枝杈。从花窗来看，框景在于以边框为界，收景色于窗框内，而漏景则是透过漏窗的镂空部分来摄取画面。以漏窗来营造园林漏

图5-21 利用山石植物形成障景

景，可避免游客对园景的一览无余，在满足游人新鲜感的同时又保持神秘感，令人感受到虚实结合、隔而不绝的艺术效果。此外，漏透中的景物有着深远莫测之感，易勾起游者寻幽探胜的游园兴致（图5-22）。

图5-22 通过洞门、窗格形成的框景和漏景

4. 分景与夹景

分景即是利用园林要素把整体空间分割成若干个变化多样又有机统一的零散部

分，达到园中有园、景中有景的境界，使各园、各景之间既分隔又联系。大观园运用园门、假山、墙垣等分景，造成园中的曲折多变，境界层层深入的情趣。夹景是为了突出远景、提升景观的层次感，运用轴线、透视线等形成狭长的空间，营造清幽闲净、令游客无限遐想的景观氛围的手法。通常将道路左右两侧栽种树木或设置假山等加以屏障，引导游人步步探求，体验神秘感（图5–23）。

图5-23　北京大学校园景观——夹景构图形成景观深远之感

5. 借景

造园家计成在《园冶》中提出："夫借景，林园之最要者也。"李渔在《一家言》中提及"取景在借"。这种有意识地把园外景物"借"到园内的手法，称为借景。《园冶》提出了"园林巧于因借，精在体宜""泉流石注，互相借资""极目所至，俗则屏之，嘉则收之""借者园虽别内外，得景则无拘远近"等基本原则。巧妙借景能够在有限的园林空间内形成无限的空间感受，增添园林艺术效果。利用园中的视景线可突破园林的界限，取得眺望远景的效果。

借景是造园家扩展艺术空间的主要手段。因距离、视角、时间、地点等不同，通常可分为直接借景和间接借景，还可分为近远借、邻借、互借、俯仰借、应时借等。例如颐和园借景西山是借景实践的经典之作。把园外数十里的西山群峰和玉泉山的宝塔，都组织到园内的画面中来。使颐和园有限的范围看上去非常宽阔，无限深远。东堤西望，昆明湖西堤桃柳正好把颐和园西部水域栏杆遮挡，模糊了西部的界线，如果以万寿山佛香阁为近景，那么西堤、玉泉山就是中景，西山群峰便是远景。显得山外有山，景外有景，层次分明，水阔天空，融合成一片壮丽的景色，漫步园中，仿佛有“人在画中游”之感。颐和园谐趣园中凿池映景，以水为镜，“饮绿”建筑群凭镜借景，景映镜中，形成虚实相生的画面（图5–24）。

图5–24　颐和园西山借景仿无锡寄畅园借景手法

三、景观的情感体验

景观不仅是人们舒缓精神压力和身体疲劳的必要场所，更是人们心灵交汇、情感交流的重要空间形式。了解景观环境使用者的情感体验，可以帮助设计师基于人的心理和认知的反馈提出设计策略，从而满足使用者的物质和精神需求。

1. 景观环境与情感

情感是人对客观事物现实的一种特殊的心理反应、一种倾向。人通过景观体验，产生对景观的整体感受，从而做出亲近或排斥或逃避等本能性的情感反应，之后，综合各种感受形成对景观的高层次情感反应，例如愉悦或伤感、亲切或庄重、质朴或华丽、深沉或轻松等。

景观环境中的情感主要源于景观体验。体验往往以经验为基础，它是以主体对景观环境的认识及心理过程中所积累的经验内容为对象的内心形成物，是对经验带有感情色彩的回味。景观体验是人感官受到的景观刺激，一般是由人对景观环境中诸如声色、线形等外在审美信息的接纳而唤起的。例如鸟语花香的环境、色彩艳丽、层次丰富的植物景观都会带给人回归自然的愉悦感。这种情感唤起与人所处的时代、文化、经历及修养有关。例如纪念性景观或历史性景点对情感的唤起表现为人对过去事件、人物的追忆和怀念，中国古典园林的美对情感的唤起主要通过园中的诗情画意来表现。

2. 景观传递情感

景观传递情感就是依据心理学理论对景观进行情感化设计，以景寄情，引发人对景观的理解和联想。日本景观设计师升野俊明认为："景观环境是一种特殊的精神场所，是人们心灵的栖息地。"设计师通过众多的景观元素向场地注入情感，用物化的形式来传递情感，实现人与环境情感的交流。景观元素中的历史文化、地域文化、传统生活内容的塑造等都会引发人与景观的对话，景观游赏过程也是人们的情感体验过程。文化具有时代性与继承性，景观中的情感表达应注重多元文化的融合，设计师应具有丰富的实践经验、深厚的修养和造诣，并有对景观细腻的情感体验，通过情感化设计引领新生活方式。

景观的情感传达可以从空间场所、公共设施与自然元素等多方面考虑。例如纪念性景观是通过空间、设施等传递信息、情感。中国古典园林中常用植物传递情感，如桑、梓是家的象征；梅兰竹菊是君子的象征；向日葵象征着光辉、忠诚；荷花象征着对亲人深沉的思念；石竹象征着纯洁的爱等。色彩也可以传递情感，例如红色景观洋溢着热忱、豁达、积极乐观，中国传统文化中，红色也代表着祥瑞、欢喜以及阖家团圆的幸福温馨；绿色代表着生命活力、蓬勃朝气，传递自然、健康、闲逸、希望之蕴意，绿色环境令人心旷神怡、给人安详娴静的舒适之感；黄色元素可以营造出或端庄或朝气蓬勃或辉煌的生动效果（图 5-25）。

图5-25　天安门广场国庆节展示的中奥成功的纪念花坛

第六章

景观设计程序

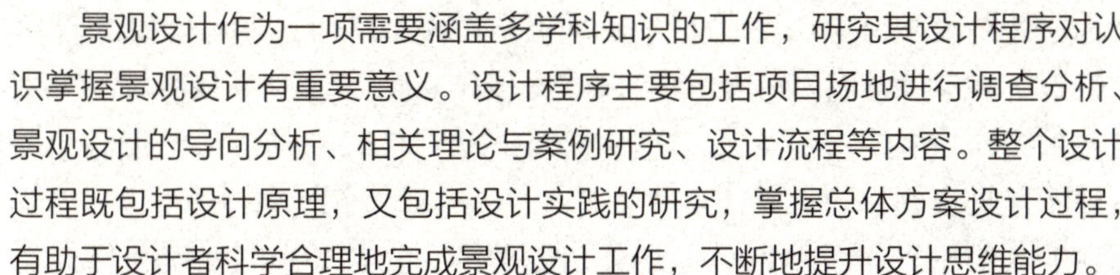

景观设计作为一项需要涵盖多学科知识的工作，研究其设计程序对认识掌握景观设计有重要意义。设计程序主要包括项目场地进行调查分析、景观设计的导向分析、相关理论与案例研究、设计流程等内容。整个设计过程既包括设计原理，又包括设计实践的研究，掌握总体方案设计过程，有助于设计者科学合理地完成景观设计工作，不断地提升设计思维能力。

第一节 | 场地分析

场地分析是设计过程中重要的前期工作。场地承载着景观设计的基础资料，除了地理信息，还包括历史、人文、生物、建筑等综合信息。场地分析工作包括：搜集翔实的相关资料；明确场地分析的内容、方法和步骤；归纳场地中的可利用的优势条件、待改善条件以及不利因素，进行设计的逻辑构思；用图示化语言进行清晰可视化表达，为生成可行性设计方案奠定基础。

一、搜集资料

景观的场地分析与设计是设计师与基地不断交流的过程。设计师兼有多角色，既是倾听者、观察者、思考者，又是使用者之一。设计师应尽可能客观地感知和认识场地的相关条件因素，考虑与场地设计的关系处理以及未来的场地使用；提取场地隐含的设计要素，为设计立意提供更多效的线索；为场地功能供给提供更可靠的依据，确保设计科学严谨、顺利开展。

1. 资料分类

资料（Datas）是事实或观察的结果，是对客观事物的逻辑归纳，是用于表示客观事物的原始素材。景观设计相关的场地资料可以是符号、文字、数据、语音、影像、视讯等，也可以是观察到的各种现象。场地资料繁复，基于设计导向，资料可归纳为场地内外可见资料和不可见资料两类。

（1）场地内外可见资料。

对于场地内外能通过肉眼或借助工具直接得到的资料对象，设计师可以通过画图、照相、摆放标志物或者使用工具等多种方式进行调研。场地内外可见的资料主要包括：场地地理位置、地形地貌、土壤、植物、水文、地质和气象资料等；场地的人口密度和分布、场地的土地利用方式、场地区域的经济现状和发展规划等。这些资料中，有的可实地观察，有的主要以文字、数据、图表等方式呈现。有些资料可能具有时效性，例如一些反映场地气象、地形、水文的数据资料，需要结合实地探勘得到的一手数据加以弥补、分析和修正，并作为现场基础资料的组成部分。另外，还要搜集使用者及其活动情况，包括不同年龄、背景的人的生理、心理、行为等基本情况及未来需求。

（2）场地内外不可见资料。

场地内外存在着大量的不可见资料，如场地历史背景、文化特色、居民生活感受等内容。这些资料难以通过观察而直接获取，需要设计师分析提取，包括查阅地方志等相关历史文献资料、宣传片；寻找有场地特色的文创产品；对场地内外相关人员进行访谈，了解当地的历史背景、人文资源等非物质文化资料；搜集场地踏勘所涉及的疑问，考证已有信息资料。访谈对象应为场地现状或历史的知情人，如场地管理机构和地方政府的官员，场地过去和现在各阶段的使用者，场地的工作人员和附近的居民等，可采取当面交流、电话交流、电子或书面调查表等方式进行。

在充分获取了场地内外的可见与不可见的资料后展开分析和设计，才能为保护、利用现存资源提供依据，为场地特色的提炼、提升、营建打下基础，以实现景观设计中的文脉传承，资源的永续利用。

2. 搜集资料的基本原则

（1）逆时性。

逆时性也称回溯性，即搜集场地资料时，首先查阅近期资料，因为这些资料可能是相关研究的最新成果。最新的场地数据、图文等信息中可能有最新的研究方向，便于设计师了解从事相关研究者的相关问题的分析及解决方案。逆时性原则有助于了解场地相关研究的最新动向及进展。如果还需搜集更多资料，可将时间由近及远前推。

（2）全面筛选。

搜集的场地资料需要全面反映场地的全貌，揭示场地本质。同时应分类筛选，重点关注有价值的资料。搜集的资料最好是原始文献或者是官方统计资料，保证资料的可靠性和真实性，对资料尽可能追根溯源。

二、场地分析的主要内容、方法

1. 主要内容

（1）区位分析。

区位分析是将场地放在与周边的区域关系内进行定性分析。包括区域发展状态、交通关系、针对人群、能够对项目产生影响的周边资源等。当下及未来设计师的工作内容将不仅仅是单纯的设计，也需要思考项目的前期策划、后期运营管理，区位分析就是要得出或复核甲方或任务书给出的项目定位。其着眼点主要在于如下两点：

① 周边的交通关系，需列出详尽的各种交通形式及走向；

② 设计定位关系，需确定景观设计在整体区域中的定位。

（2）社会人文分析。

场地的社会人文资源最能体现场所精神和当地的人文精神。在场地分析中，需要挖掘当地文化，了解其精神内核，提炼设计语言，将生活哲学融入场地，将生活场景注入景观空间，营造精致宜人的艺术环境。对场地的社会人文分析主要包括历史信息、民风民俗、适宜该场地的理想生活模式等内容。这将有助于在设计中融入场地的人文特质。

（3）自然条件分析。

基于当地的自然条件的景观设计才是可持续的绿色设计。分析场地的自然条件可从地表（地形、水体、土壤、植被等）和气象（日照、温度、风、降雨、小气候等）两个方面进行分析。从而清楚地了解场地的现有条件与限制，使设计根植于场地，形成从自然中生长出的有机设计。尤其是场地的生态物种，一个保存完整、循环良好的生态物种是场地的极大优势，需要加以保护，如地表径流的生态涵养群落，反映地貌特征的动植物群落等。

（4）提取隐含的适配场地的设计要素。

设计师根据场地现状资料和特征进行针对性分析，例如设计师在街道分析中，会关注人居环境、历史风貌、沿街商铺；在滨水空间分析中，会关注自然环境、景观设施、功能分段；在交通分析中，会关注交通网络、人的时空行为等。通过对场地特色的深入分析，提取其中隐含的适配场地的设计要素，引导适宜的设计立意与构思，才能在宏观层面上建构符合城市整体的空间形态格局，在中观层面上保留场地其独特的场地精神，形成地缘联系，在微观层面上创建完整的内部结构与细部设计的可行方案。

2. 主要方法

（1）文献计量法。

文献计量法是通过结合数学与统计学，快速精准获取文献内容的方法。在分析场地内容中，这种方法可凭借场地的各种特征（如场地名称、场地功能、相似场地等）

进行文献搜索，获取关于场地研究的最新方向、数据等资料，并运用其描述预测场地的未来发展趋势。

（2）实地调研法。

实地调研法是指进行实地考察核验和补充相关文献资料方法。根据场地规模和使用目的，分清主次进行调查、了解，包括地形条件、周边交通、周边设施、项目规划、场地气象、地质环境等各项自然调查。确定现场调研拍照的地点：有位置信息的现状照片具有丰富的时空语义，能解析拍摄时间和地理位置；确定团队的分工，包括视角、范围、前景遮挡等团队协同标绘。同时进行问卷调研，可以研究不同地点居民的感知与偏好，保证问卷的可靠性。社会访谈一般分为：参与式观察、焦点小组访谈、开放式访谈。

三、场地信息图示化

场地信息例如场地现状、总体规划、功能空间布局、交通组织，以及设施、绿地、建筑、水景设计、竖向设计等，具体内容都应通过图示化详细表达。

1. 意义

图示化的场地信息直观、快速地展示场地现状和各种资料的分析结果，相对于单一的文字描述或者数据罗列更有优势，运用处理之后的图片与文字、表格，使得场地分析从之前的“阅读”，变成了“观看”。信息传达的精准性与视觉上的美观度将一定程度上影响着方案的走向和整体设计水平。

2. 基本原则

（1）整体性与精准性。

图示化的信息是设计师严谨梳理、归纳和整体分析场地信息的结果，一般由一系列相互联系的图表组成，传达场地整体信息和设计师的逻辑思路。图表之间要有连贯性和逻辑结构关系，同时，应注意信息的翔实可靠，图示的精准性，即图示转换后数据的精准、图例大小的精准以及所传达信息的精准。

（2）降维性与扁平性。

场地信息资料繁杂多样，图示化时可以对复杂多维事物进行降维简化表达，例如将地形三维图像识别与分析转化为等高线特征表达。图示化还可以扁平性表达，即去掉多余的透视、纹理、渐变以及三维元素，让“信息”本身作为核心被凸显出来，强调抽象、极简和符号化。把信息中相对复杂、较有深度的数据挑出来进行扁平化处理，使受众能够在第一时间读取整个大数据的每个层面。

3. 图示化表达方法

（1）优劣分析法。

一般通过一组SWOT分析图来表示优劣分析的结果。其中S（Strengths）是优势、

W（Weaknesses）是劣势、O（Opportunities）是机会、T（Threats）是威胁。这种分析方法将与场地密切相关的各种主要内部优势、劣势和外部的机会和威胁等，通过调查列举出来，并依照矩阵形式排列，然后用系统分析的思想，把各种因素相互匹配起来加以分析，从中得出一系列相应的结论。结论通常带有一定的决策性，从而方便下一步的设计进展。

（2）平面图分析法。

信息可以通过平面图并列排布，以空间信息传达为主。平面图分析是场地分析图示化中必须出现的分析方式，原因在于所有的设计必须要落地在规定的场地范围内，而每个场地的大小范围、形状特征各不相同，平面图分析则能最清楚地展示其平面形式，具有可容纳信息量大、适用性广和可读性较强的特点。首先需要场地平面图按一般规定比例绘制，表示整个场地的总体布局（包括场地内建筑物及构筑物的方位、间距以及道路网、绿化、竖向布置和基地临界情况等），以及周围环境（原有建筑、交通道路、绿化、地形等）基本情况。在此基础上进一步对场地内各个要素展开分析，如可以分析一下场地的构成以及功能区分布，也可以结合照片进行分析，或者用不同的颜色进行划分，区分出不同功能区或者道路（图6–1至图6–3）。

（3）剖面图分析法。

剖面图分析是对重要的场地采用剖面图的形式进行辅助分析。剖面图又称剖切图，是通过对有关的图形按照一定剖切方向所展示的内部构造图，假想将场地沿某一指定方向线垂直剖切后，以图形显示制图对象的立体分布和垂直结构的一种图解形式。剖面图经常与立面图以及等高线结合，能够较为精准地展示场地的竖向特征，如建筑高度、地形特征以及内部结构等。

（4）爆炸图分析法。

爆炸图是场地分析图示化中的一种重要的表达方式，是以空间信息传达为主，将

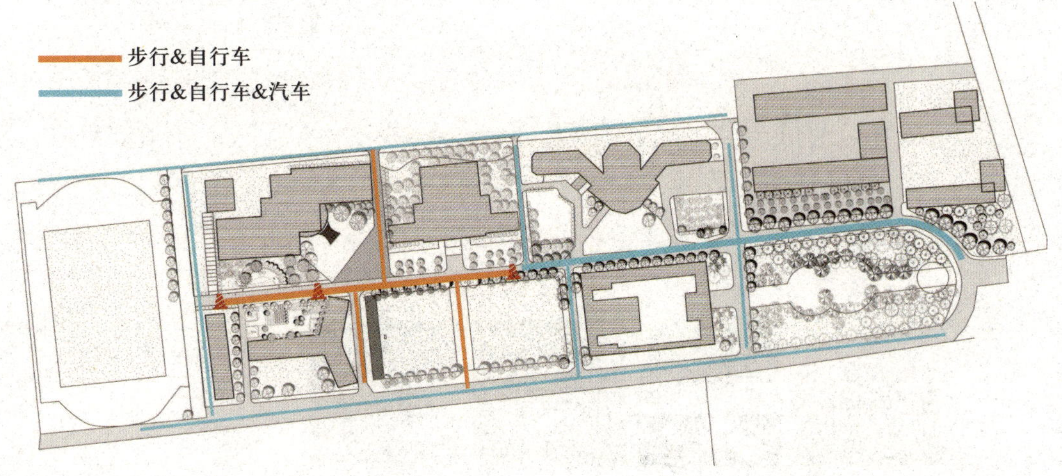

图6–1　某高校校园局部道路交通用地分析图

图6-2　某高校校园局部道路空间布局分析图

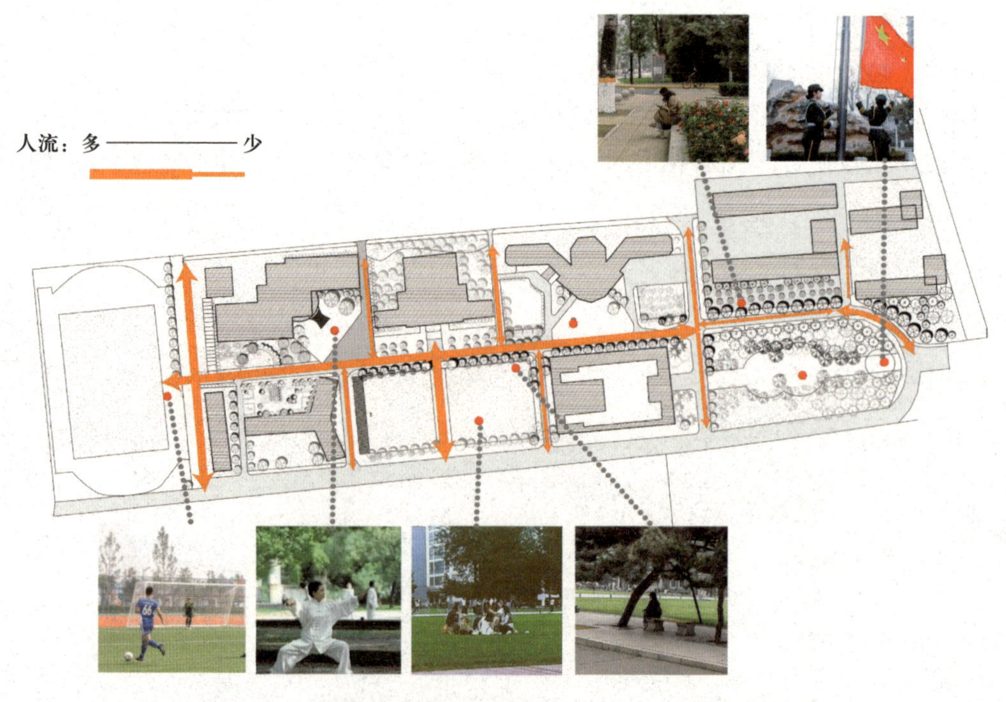

图6-3　某高校校园局部道路人群活动及流线分析图

原有场地要素分类提取后，用轴测图按一定内容叠加排布在图纸上。其目的在于可以把复杂的场地结构变得清晰，表达更加直观，让阅读者快速观察场地的空间形态、流线或者功能（图6–4）。

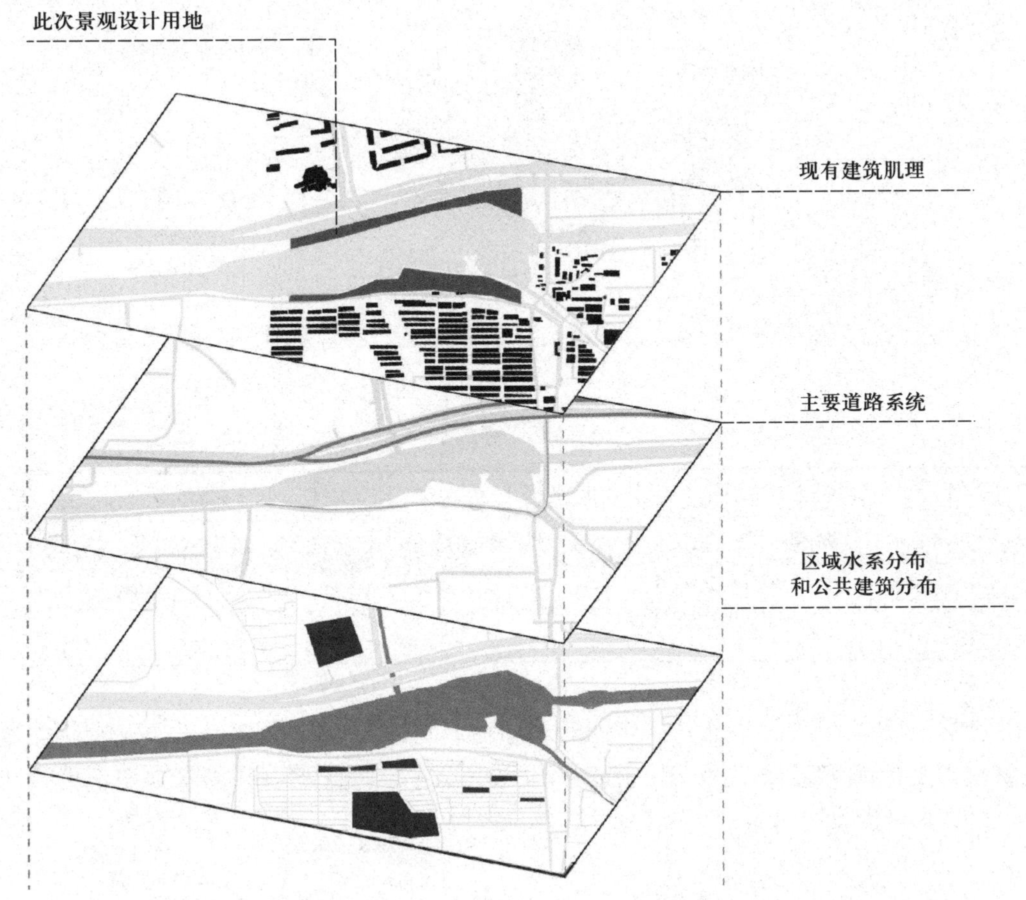

图6-4　北京通惠河（高碑店乡段）河流及两岸沿河景观现状爆炸图

（5）三维模型分析法。

三维模型分析是一种立体的图示化表达方式，依据场地现有模型，利用软件可以自由调节视角和导入数据，生成各种的场地分析图纸，或者模拟特定情况下的场地情况，如场地人视角图、场地光照图、场地空间效果图等。该方法关注以场地为中心一定区域内的三维空间环境，及周边景观建筑，并在分析后做出一定的应对策略，其策略一般为协调、调整、对比、解构等。

（6）其他。

场地分析图示化表达还可以用传统的图表、动态图或图像以及AI技术支撑的可视化表达。每个项目根据其自身及所属环境的特性需要做特殊性的分析，这些分析很难概括，却经常成为一个项目的亮点。所以需要更有针对性地对场地加以调查研究，挖掘适宜的图示化表达方式（图6-5、表6-1）。

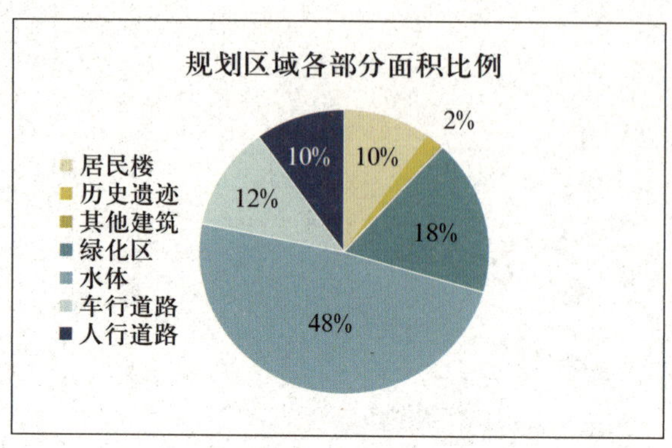

图6-5　北京通惠河（高碑店乡段）河流及两岸沿河景观用地现状图表分析图

表6-1　规划地现状面积

项目	居民楼	历史遗迹	其他建筑	绿化区	水体	车行道路	人行道路
面积/m²	17 108.92	3 172.74	398.26	31 015.89	85 263.23	20 789.94	17 707.92
合计	20 679.92			116 279.12		38 497.86	
总面积/m²	175 456.9						

科学、翔实的场地分析，能够为景观设计提供精准的范围界定，为立意提供主题线索，为功能确定提供依据，为植物设计提供参考，为保护、利用景观资源提供可能，摒弃不利因素，为景观优化创造机遇。

第二节 | 景观设计的导向分析

景观设计导向分析是景观设计的重要的环节之一。常用分析方法可归纳为问题导向分析、需求导向分析、知识图谱分析、综合分析等。几种方法可独立使用，也可结合使用，从不同方面思考，促进设计分析的翔实深入以及科学合理。

一、问题导向分析

1. 问题导向分析的意义

德莱尔（DeliSle.R.）从创造性思维、解释学的视角论证了问题导向学习的有效性。[①]从问题出发，通过解决问题，使人们掌握相关知识、提高能力。问题导向分析是就问题所产生的原因进行分析，从而对问题进行更有针对性和更有效的干预，并最终解决问题。问题导向学习法（Problem-based Learning，PBL）在20世纪70年代被提出，目前多领域关注并采用PBL方法。问题导向在景观设计领域的运用最早见于旧城改造，该方法能使设计有的放矢。目前问题导向分析已广泛应用于景观更新、生态修复、海绵城市建设等理论研究与实践中，也是规划编制、城市设计中的重要技术方法，具有现实性，能够为城乡景观发展提供基础保障。

2. 问题导向分析的基本原则

（1）以问题为中心。

坚持以问题为中心，从不同的角度，通过自主探究和合作讨论来尝试解决问题。在景观设计情景中，应以问题为核心、强调人的主体性，使人在解决问题的同时，能够自己发现问题，主动建构知识，发展高层次的思维能力。

（2）以问题解决为目标。

问题在设计分析过程中起到了导向的作用，目标则作为驱动力推动设计进程，最终解决问题、实现目标。“问题解决”不仅仅是教育发展的口号，更是人类社会生活的技能，也是景观设计的最终的目的。

3. 怎样进行问题导向分析

一般可以把问题导向分析分为三个阶段：

（1）明确问题，即实际状况与标准要求之间的差异。

（2）对问题的性质进行分类讨论；划分问题优先级，再次提出问题。

（3）整理与分析导致问题的因素；找出导致问题的真正原因，进行检验与核实。

---

① 德莱尔．问题导向学习在课堂教学中的运用［M］.方形，译．北京：中国轻工业出版社，2004：14–24.

将问题导向分析的三个阶段进一步迭代为：①了解当前的问题与困境；②主动调查、搜集数据和评估，提出假设，再通过数据搜集验证或驳回假设；③将信息分类组合，确定问题的维度；论证问题维度之间的相互关系，并确定问题维度的优先级；④设置并实施设计；⑤检测和评估结果，及时修改设计的措施。总之，在景观设计中，问题导向分析具体可分为五个阶段：提出问题、明确问题、分析问题、提出假设和检验假设。

二、需求导向分析

1. 为什么要进行需求导向分析

需求分析是指通过一系列诸如访谈、观察以及问卷调查等手段对某个领域或者人群的需求进行研究的技术和方法，最早用于外语教学（ESP/LSP）中。在艺术设计领域，常以马斯洛需求理论（五种需求层次）、ERG理论（需求三要素）为基础，进行设计研究，以尽力满足人们的需求。

景观设计需要了解用户的需求，包括基本需求、期望需求以及后续服务需求等，有学者还致力于将情感需求引入设计研究中。用户具有多层次性，乔一丹等（2021）根据马斯洛需求理论和情感设计理论，将用户需求分为三个层次：身体机能、生理和心理、主观感受。赵项等人（2021）提出了需求优先级排序方法，通过对用户需求属性的分类和权重计算获取客观的评价方案，进而支持设计。关注使用者的生活需求和情感需求，对设计决策均具有建设性的意义，对使用者的生活质量的提升也有着重要的意义

2. 需求导向分析的基本原则

从使用者角度出发，在需求分析中通常需要注意以下几点基本原则。

（1）注重功能导向需求。

功能需求是空间的传统需求导向，对于空间设计的影响较大。空间功能决定使用者的主流行为、物体的使用频率，功能需求成为空间设计的主要参考对象。设计师需要根据使用者的行为及行为尺度进行设计，即要注意环境心理学和人体工程学在设计领域的运用。

（2）注重生理与情感需求。

在设计中尊重生理需求是最基础的必要原则。使用者只有在舒适与安全的环境下才能去考虑其他的行为。情感需求可以满足使用者较高层次的需求，令使用者产生更多的情感共鸣。具有情感需求导向的设计能够打破形式的束缚，变得更加有生命力，更加个性化，能够精准地满足使用者的要求。

3. 怎样进行需求导向分析

需求分析应该满足可靠性、有效性、可用性等基本要求。一般可按照制订计划、

搜集资料、分析资料三个步骤来进行。第一步，调研之前应该先拟定计划，明确目标群体，确定需要什么资料，以及为什么需要这些资料，制订获取资料的方法。第二步，搜集资料并梳理分类，可以对比同行是如何解决这个需求，或站在使用者的角度考虑如何解决。第三步，分析资料，寻找方案的最优解。

三、知识图谱导向分析

1. 知识图谱导向分析的价值

近几年，知识图谱工具在设计领域逐渐兴起，能够帮助设计师寻找设计特色、解决设计问题。知识图谱的雏形可追溯至20世纪五六十年代提出的一种知识表示形式——语义网络，即一种用图模型来描述知识和建模世界万物之间的关系的技术方法。2012年，谷歌公司为提升搜索引擎返回的答案质量和用户查询的效率首次发布了知识图谱。知识图谱是由节点和节点之间的边组成的复杂网络，用以描述客观世界的概念、实体及其关系。知识图谱在大数据分析、可解释性人工智能、教育学、心理学等多个领域都体现出重要的价值。知识图谱为海量信息时代下堆积的复杂紊乱的数据提供了统一化结构的解决方式，使得结构复杂和一些非结构化的数据得到有效存储管理。

知识图谱在设计领域的研究主要见于产品设计与建筑设计，同济大学徐江（2019）著《设计学科知识图谱》详细介绍了知识图谱的使用流程。在景观设计方面，较多研究者对聚落景观基因图谱进行了研究。张晨曦等（2021）通过可视化知识图谱分析，指出了康复景观的研究热点、研究趋势、发展阶段。常碧云等（2022）利用知识图谱分析风景园林学科研究的相关进展与热点。近年来，知识图谱分析已经被运用到社区规划、城市绿地、城市更新等领域，以探索研究动态与演化脉络，为景观设计学术研究的发展提供了重要的启示。

2. 知识图谱导向分析的基本原则

（1）注重逻辑关系。

知识图谱的本质是描述实体和关系的有向图，能够较好地呈现和存储各数据之间的关联关系。它利用节点数据组织成一张有向图，由实体、实体属性、实体关系的三元组知识体系进行知识表示，通过有向边指出节点之间的逻辑关系。在景观设计领域中，它能够建立研究要素内容之间复杂的关系网络，通过其探索更深层次的关联关系。

（2）注重整体结构。

知识图谱可以从独特的存储逻辑结构出发去理解，知识数据在图谱中的展现方式是“三元组”形式（实体—对应关系—实体），每个实体都具备各种不同的属性约束，因此知识图谱针对这些关系以图辐射网络形式统一管理数据。

3. 怎样进行知识图谱导向分析

徐江在《设计学科知识图谱》中阐述的知识图谱使用流程包括确定模型、数据挖掘、信息处理、知识分析、图谱绘制、可视化呈现等。在知识分析步骤中，人们需要将被处理后的数据导入，运行图谱工具分析，再通过可视化方法呈现学科知识。知识图谱常用的统计分析方法主要是多元统计分析（表6-2），是对所包含的对象进行内在规律分析，例如景观设计相关研究的发展趋势、演化脉络等。另外，还有内容分析方法，例如共词分析方法，主要对一组词两两统计它们在同一篇文献中出现的次数。在社会学研究中，最普遍的方法是社会网络分析法，这是一种定量分析法，分析社会网络中各个节点及其相互关系以及整个网络，可用密度和中心度等来分析网络的关系程度。

表6-2　多元统计分析方法

序号	分析方法	概念特征
1	聚类分析法	将数据分到不同的类，要求同一个类中的对象有很大的相似性，而不同的类的对象有很大的相异性，并对每一个聚类集合进行分析
2	因子分析法	用少数综合因子描述多指标之间的关联关系，通常将联系比较紧密的若干变量归结到同一类别中，每个类别代表一个独立结构，被称为公共因子。这种方法可以将复杂信息简单化
3	多维尺度分析法	适度降维，在低维空间展示文献数据各种特性之间的关系，利用图像化的平面距离表示数据特性间的相似或差异程度。结果形象直观
4	数据可视化分析法	用图形图像的形式将数据可视化展现出来，便于数据的分析、规律的发现

四、综合分析

综合分析方法包括SWOT分析法、PEST分析法以及思维导图分析法等。从不同角度分析整体局势，发散思维，寻找最佳设计方案，解决问题。

1. 综合导向分析概况

SWOT分析法最初常用于企业战略决策、竞争对手分析。如今，在产品、产业或是个人发展分析中常见应用。

PEST分析法是依据政治环境（Political）、经济环境（Economical）、社会（Social）与技术环境（Technological）四个方面进行分析，从发展进程上把握宏观环境，可以弥补SWOT分析法的不足。部分学者将SWOT分析法与PEST环境分析法相结合，形成SWOT-PEST动态分析法，可以具体化、系统化、科学化分析评价研究对象。

思维导图（Mind Map）是一种非常有用的图形技术，把焦点集中在中央图形上，由中央向四周发散，附在较高层次的分支上。[①]这有利于形成个人的批判性思维和发散性思维。思维导图能够看到问题的不同方面，从不同角度寻找答案，可以帮助使用者记忆知识以及提高他们的思维能力。

近年来，SWOT分析法成为旅游景区规划设计的重要分析工具。通过SWOT分析法可以充分认识景观的优势与机会，注意正在面临的风险，有利于旅游景色开发或提升工作的落实。利用SWOT-PEST法可确定评价体系的方向，促进科学决策。在设计实践中人们可以运用思维导图开启设计思路、寻求设计灵感。

2. 综合导向分析的基本原则

（1）内外环境结合分析。

SWOT 分析是一种综合考虑内部条件和外部环境的各种因素，进行系统评价，从而选择最佳战略的方法。在景观设计中，应该把握“想做什么”（客观条件和主观动机）、“可能做什么”（机会和威胁）和“能够做什么”（优势、资源）之间的有机组合，通过内外环境条件分析，设计出科学合理的解决问题的方案。

（2）多角度创意思维。

思维导图可以帮助思考，从不同的角度、多方面进行思维发散和创新思维。在景观设计中，思维导图不仅可以在设计的整个过程中发散思维，进行创意点的获取，还可以帮助整理复杂的信息、分析问题和解决问题，以实现设计目标。

3. 怎样进行综合导向分析

（1）运用SWOT分析法。

该方法分四步进行：①评估所研究对象的优势与劣势；②分析和找出所研究对象的开发或提升景观的机会和威胁；③确定开发或提升景观的目标；④制订相关规划设计策略。

（2）思维导图分析。

结合SWOT分析法，运用思维导图建构思路框架，思考不同视角下适宜的设计路径和策略，过程大致分为三步：①观察并总结问题本质，确定中心词；②逻辑联想，构思几个解决问题的角度，绘制大纲主干和内容分支；③完善细节，运用颜色和关键词丰富画面内容，体现“焦距原则”。最终形成完整的思维导图。

总之，景观设计应结合各因素、多角度分析进行设计。设计师通过各导向分析提出更加科学严谨、可行的设计方案。其中，问题导向分析有利于明确认知目标，通过设计解决问题；需求导向分析能够使设计满足公众意愿，实现幸福感；知识图谱导向分析能够完善补充设计前期的调研信息，有助于挖掘设计特色，分析设计规律；综合导向分析有助于寻找适合时代特征、符合国情、提高居民生活品质的具有可持续性的

---

① 东尼.博赞. 思维导图［M］.北京：中信出版社，2005：4-7.

设计方案。

另外，在景观设计分析与研究中，还可以引用其他学科专业领域的方法。如法学中的判例研究、法律法规政策研究等，人类学中的田野考察、观察记录，社会学中的问卷调查、访谈笔录、行动研究、数据统计，历史学中的文献考证、考古调研，哲学中的由原则、含义、推论等交织而成的逻辑关系的分析研究方法，自然科学中的实验报告、数据分析、计算统计等，美术学中的形式分析、符号学分析、图像学分析等研究方法。

第三节 | 相关理论与案例研究

景观设计作为一门交叉学科，涵盖诸多领域的理论知识，如生态学、建筑学、心理学、艺术学等。将诸多领域的理论知识引入到景观设计中，可以提高设计师的设计水平，增加设计的生态性、人性化、艺术性等水平。案例研究通常以研究优秀案例为主，对于景观设计具有指导和借鉴意义。案例研究被认为是介绍和分析特定项目的一个非常重要的策略和熟练的工具。

一、相关理论研究

景观设计中引入相关理论研究非常必要，可以促进设计师不断提升自己的设计水平，增强设计的科学性和系统性、人文艺术性和技术性、前瞻性和可持续性、促进景观设计的数字化创新。跨学科理论为景观设计的创新发展带来机遇，景观设计师可以从理论研究中汲取营养，多角度思考问题，更好地认识和理解景观空间，拓展设计思路、丰富设计表现形式、提高设计质量和创新性，形成具有创新性和前瞻性的设计方案，推动景观设计学科发展（图6-6）。

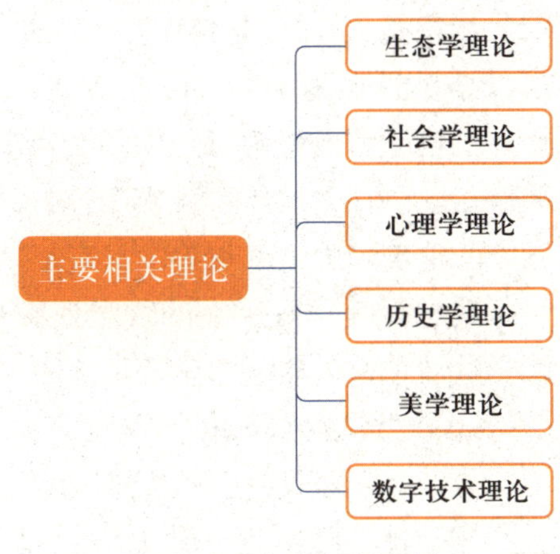

图6-6　主要相关理论

1. 生态学理论

生态学是研究生物与环境之间相互作用的科学。生态学理论可以帮助景观设计师充分了解生态系统的稳定性和健康性，促进人与自然环境和谐共生。例如，在城市绿地设计中，可以采用生态学理论中的“自然化设计”原则，让城市绿地尽可能还原自然生态系统，从而减少城市热岛效应、改善空气质量和缓解城市压力，创造良好的宜居环境。

2. 社会学理论

社会学是研究人类社会和社会行为的科学。在景观设计中，社会学理论可以帮助设计师思考社会因素对景观的影响。例如，在城市广场设计中，社会学理论可以指导设计师设计符合人们聚集和活动需求的公共空间，吸引人、留住人，提高广场的利用率和舒适性。

3. 心理学理论

心理学是研究人类心理现象的科学。在景观设计中，心理学理论可以帮助设计师充分了解和把握人的感知、情感和行为特征，做好人性化设计。例如，在公园设计中，可以根据人们对颜色、形状和纹理的不同感知来选择植被和材料，从而营造出符合人们心理需求的景观环境。

4. 历史学理论

历史上的建筑和景观可以成为今天设计的重要参考。在景观设计中，引入历史学理论可以帮助设计师了解场地的历史和文化背景，并从中吸取设计灵感和元素。例如，在城市广场或者公园设计中，可以结合历史建筑的元素和风格，将其融入设计中，营造出传承文化历史的特色景观环境。

5. 美学理论

景观可为审美对象，对于美的理解主要基于三个维度：理念（形而上根据）、形式（客观事物）、快感（主体心理）。景观审美是对于“真、善、美”等基本理念的追求。景观是文化的载体和艺术的表现，是一种综合艺术，包含了众多传统艺术门类。通过分析景观艺术形式以及演变发展，揭示其文化含义及艺术观念，挖掘景观艺术性；了解鉴赏或使用过程中的个体生理与心理感受，探索景观审美过程中的主体经验表征，关注社会群体层面审美偏好问题；考虑历史因素，研究不同时代审美思潮和造园家的审美思想，景观美学具有复杂性。

美学研究具有很强的哲学研究传统，景观审美研究中常借鉴“刺激—反应”结构、移情理论、描摹仿说、审美距离说等理论来阐发景观审美问题。

6. 数字技术理论

数字技术理论包括大数据分析、人工智能、虚拟现实、增强现实等多方面内容。这些理论的应用有助于景观设计师提高设计决策的准确性和效率。例如，景观设计师可以通过大数据分析获取场地的历史和实时数据，更好地了解场地的特点和用户需求，进而制订更加符合实际需求的设计方案。人工智能有助于快速地生成、优化和验证设计方案，提高设计效率和可行性。虚拟现实和增强现实技术有助于更直观地展示设计方案和设计效果，以便更好地与客户沟通和协作。数字技术理论的应用可以增强景观设计前沿性和可持续性，帮助应对城市化、环境污染等问题，促进跨学科交流和合作，形成更加多元化和创新性的设计解决方案。

二、案例研究概述

罗伯特·K.殷（Robert K.Yin）提出5种研究策略：实验、调查、档案分析、历史和案例研究。其中的案例研究是设计研究中的重要方法和策略之一。[①]通过相似项

---

① ［美］罗伯特·K.殷.案例研究——设计与方法（Case Study Research: Design and Methods）［M］.周海涛，译.5版.重庆：重庆大学出版社，2017.

目的优秀案例研究，比较问题的共性，挖掘、提取和借鉴先进的设计理念、方法、内容、技术等，有助于景观总体设计的科学性、前瞻性和可持续性。

1. 案例选择的基本原则

（1）典型性和先进性。

诸多学者在案例研究时，会选取国内外较为著名、研究方向上最具代表性的优秀案例进行深入研究，这些案例中运用的设计方法、技术和设计逻辑等均具有先进性、权威性、科学性和指导性。例如刘抚英等人（2007）选取德国鲁尔区北杜伊斯堡景观公园——后工业景观公园的典范进行分析，为工业废弃地再生问题的研究提供客观、科学性的指导。

（2）创新性和逻辑性。

面对景观设计项目的繁复多样时，景观设计师需要拥有灵活应变和开放思维的专业素养，还有丰富的研究和设计经验，创作出内涵丰富、形式新颖、符合逻辑的景观设计。所以要求在选择优秀案例时，应选择具有创新性和逻辑性强的案例，为设计师提供新颖的景观设计方向和逻辑思考，激发其创新意识和创造力。

（3）适配性与系统性。

适配性主要表现在案例与即将进行的景观设计研究有较高的适配度。进行案例研究前，需要学习优秀案例的设计目标，选择与自身项目研究适配度高的优秀案例，进行有针对性的学习研究。系统性在设计研究中使用广泛，其研究结果既在统计学意义上更为准确和可靠，又使设计研究以严谨的方式回答科学问题。景观系统是由相互联系、相互作用的若干要素构成，具有特定功能和结构的有机整体，总系统由各要素系统（或称子系统）组成，例如道路交通系统、植物景观系统及其他要素系统结合，组成景观总系统。案例研究有助于系统性观察和学习。

2. 案例研究的基本内容

（1）项目前期分析。

设计师的首要任务是阅读场地。了解所选案例中的项目背景、定位分析，了解场地所在区位的上位规划及其发展对周围环境的意义和价值，以便初步明确设计方向。然后从区位交通、自然资源条件、服务人群、场地现状等方面对项目选址原因进行分析，明确设计方案的主旨。

（2）设计构思分析。

对案例的设计理念、设计理论、设计原则、设计策略、技术支持等方面进行深入研究。例如刘滨谊团队（2020）通过对新疆可克达拉伊犁河滨水景观的现状问题分析，应用人居环境三元论、景观“旷奥三性”理论等，重新规划了滨水景观带的水系与城市绿地，使城区绿地与伊犁河水系的联系更为紧密，并体现了中华文化的“天地人和、和谐共生”的精髓。

（3）总体设计分析。

在分析了案例的背景、定位、设计构思等后，需要对案例的景观总体设计进行研究。了解案例设计的基本内容、思路及手法，便于后期学以致用，提高实践项目的可实施性和科学性（图6-7）。

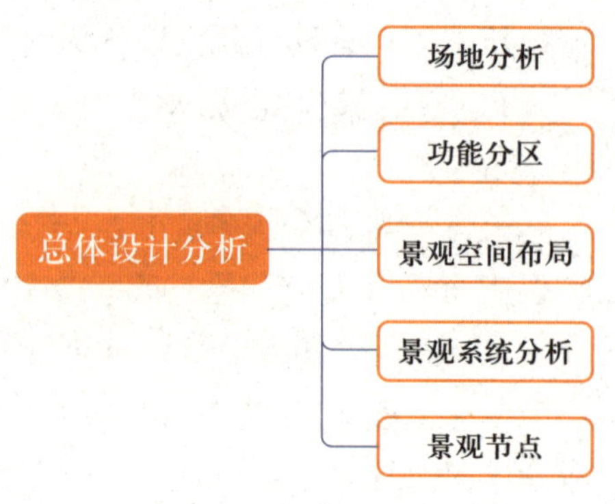

图6-7　总体设计分析

① 场地分析：通常是对场地现状条件进行深度分析。包括地理位置、交通流线、自然环境、社会资源、服务人群等方面，从而达到土地利用的最大合理化。同时整理归纳场地现存突出问题，总结其造成的消极影响。

② 功能分区。探究功能定位、功能分区的依据和设计原则。项目设计需配置的空间功能是否与场地特征高度匹配，同时，如何根据场地自身结构组织的需要，科学合理地进行景观设计。例如上海世博后滩公园的湿地景观系统设计中，主要根据区域内自然湿地、水体等景观元素的遗留面积的现状，将湿地系统分为三个功能区：自我供给、自我循环更新的原生湿地保护区；生态修复、水生自净的近自然湿地修复区；以人为本、休闲娱乐的湿地游览活动区。[①]

③ 景观空间布局：通过对场地内部原有空间分析，结合功能分区、建筑布局，选择合适的景观布局形式。目前景观布局形式有对称式、自由式、综合式。例如颐和园的整体景观空间规划为“一主二次二辅”的景观轴线对称形式，主要建筑景观均坐落在中轴线上，其两侧又布置两条次轴线和两条辅轴线，使得全园景观层次分明。探究优秀案例布局结构形成的原因，可为其他项目景观布局提供思路。

④ 景观系统分析：景观系统可细分为地形及排水、植物景观、道路交通、基础设施、建构筑物等子系统（或称专项系统），不同案例具体子系统内容各异。案例研究需要对项目子系统分别分析，再综合分析，揭示子系统及总系统的规律性。例如植物景观系统分析，了解设计的原则和形式，结合场地中的自然条件及空间功能布局，考察总体植物景观特色及各功能空间的个性化设计。还要研究植物景观系统与其他系统的相互关系，揭示系统良好发展的原因，以便指导新的设计。

⑤ 景观节点：节点设计通常都能突出景观特征。设计时应该从节点的植物、铺装、水体、建构筑物、微地形等景观元素进行专项研究，分析细节。不同景观节点可能采用的设计手法不同，应分类研究。

方案生成路径及原因分析将揭示案例的设计规律。方案生成路径主要分为两种形

① 陈计伟，王聪，张饮江. 上海世博园后滩公园湿地景观设计［J］. 中国给水排水，2011，27（16）：42-46.

式，一是线性设计形式，主要基于整个场地景观的设计思路，深化场地之间的线性联系。二是发散性设计形式，综合考量场地景观的布局，提升场地各个功能区之间的连接性。

三、案例研究可提取和借鉴的关键点

优秀案例研究，最重要的环节是总结案例内容，并将可借鉴之处用于实际项目中。

1. 设计理念

设计理念是设计师在设计构思过程中所确立的主导思想，赋予作品文化内涵和风格特点。好的设计理念至关重要，它是设计的精髓所在，能使设计具有个性化、专业化特征。优秀案例的设计理念一般都具有借鉴意义，如杭州花港观鱼公园植物景观将中西合璧的“中”艺术风格作为设计理念。

2. 设计方法

景观设计案例中有很多值得借鉴的设计方法。例如，林启敏（2020）在研究康复景观设计方法的演变与分类的过程中，通过分析从古至今的康复景观设计实践案例，总结出四种常见的康复景观设计方法，最终选取实证研究方法，应用到针对特殊人群的“三元”康复景观设计项目中。

3. 技术运用

从优秀案例研究中发现，一些先进技术的运用支撑了理论研究和实践操作。例如，第十二届中国（南宁）国际园林博览会园博园采石场花园设计中运用了耦合无人机倾斜摄影技术、参数化分析技术及虚拟现实（VR）技术。为数字化景观设计提供方法参考。[①]美国金杯公园设计中应用了土壤修复、雨水收集、低碳型材料等施工技术，为低碳景观设计研究提供技术指导。

总之，进行优秀案例研究对景观设计具有重要意义。通过案例研究，能够了解基本设计规律，提高设计思维和逻辑表达能力以及设计鉴赏水平，为景观设计的学术研究和实践操作提供研究思路与指导方法。

---

① 王子尧，张诗阳，王向荣，林箐.耦合多元数字技术的采石场景观设计路径——以第十二届中国（南宁）国际园林博览会园博园采石场花园为例［J］.风景园林，2022，29（04）：107-113.

第四节 | 设计流程

设计是有目的的创作行为，设计流程包括四个部分：立意与构思、方案探索与构建、方案比较与综合、方案深化与完善。优秀的设计方案需要兼顾可行性与创新性。在总体设计过程中，通过发散思维、设计条件调研、把握设计方向，最后确保设计方案富有表现力的同时能带给使用者舒适体验。

一、立意与构思

设计立意主要指设计用意、主张，是设计的灵魂，"意在笔先"有助于景观设计统揽全局。设计构思是一个呈现系统性、有中心及层次、物化的整体性思维的设计活动。格兰特·W·里德将设计构思划分为哲学构思与功能哲思。根植于哲学构思的设计具有很强的特性，也可称为"地方特色"或场所精神。许多功能性构思易于用抽象示意图表示，能够快速展示概念化的方案倾向。恰当的立意与构思可以保证设计的合理性、创造性，保证"发现问题——解决问题"过程的流畅。

1. 立意与构思的基本原则

设计立意与构思是设计成功的关键。设计立意与构思应明确设计目标和需求、确定设计的风格、内容和形式，注重用户体验、提高设计的可读性和可视性、坚持可持续性和节能环保，为后续的设计工作提供指导和基础。

2. 怎样进行立意与构思

设计的立意与构思是一项系统性的工作，往往是理性调研的逻辑结果与设计师对项目感性感悟的综合，为后续的设计工作提供指引。在遵循基本原则的前提下，立意与构思建议如下进行。

（1）夯实调研基础。

要对场地气候、地形、景观资源、文脉等调查分析，了解使用者的需求，并积极去发现场地的机遇与限制，引入环境科学、社会科学、经济学等相关理论，辅助研究场地，以保证立意与构思的可行性。场地因根植于当地的文化，地域文化往往能激发设计者的灵感构思。

（2）激发创意思维。

在充分调研，明确设计的目标、需求，了解设计研究趋势的基础上，设计师需要找到各种途径来激发自己的创意思维，包括优秀案例研究，探索多学科视角下的多元化设计语言，从多维度寻找灵感和参考，与其他设计师进行讨论和分享想法，尝试其他设计领域中的技术和概念等。通过这些方式，设计师可以获得更广泛的想法和视角，才能实现创新性与操作性兼备的立意构思。

（3）草图设计。

草图设计可以帮助设计师快速地尝试和测试不同的设计想法，以发现哪些方案最适合设计。草图可以是简单的手绘或数字化方式表达，只要能够表达设计想法即可。草图不断深化，可以增强设计的可视化和可读性以及设计的逻辑构思的清晰度。

（4）持续优化。

明确景观设计的原则及风格定位。以新中式景观风格为例，方案设计要运用现代景观表现手法呈现中国古典园林中的景观结构，重视寓情于景、情景交融、寓意于物，传达景观空间环境独特的新中式文化内涵。根据建筑规划布局，采用以小见大、因势借景、虚实对比、层次渗透、空间序列等造景手法，使景观与整体建筑室外空间有机融合，总体上成为现代形式与中式内涵的有机结合。

二、方案探索与建构

方案探索是高效、快速地分析问题和解决问题的顾问式思维和方法。方案建构意指建筑起一种景观构造，有美化、建立、建全景观的意思。应坚持全局意识、规划设计合理、注重美学与地域文化。

1. 明确基本任务

基于场地分析，明确设计立意与构想，运用各类导向分析或其他研究方法，借鉴优秀案例，结合自身资源优势，响应国家政策要求，以城乡发展总体规划、当地景观、基础设施等相关发展规划为依据，进行景观设计定位，提出设计理念、设计愿景或设计目标（功能舒适、精致设计、生态环保等），为进行总体设计方案的探索与建构做好准备。

2. 明确思维方向

在方案探索与建构中，“逻辑与概括”的理性思维与“发散与感知”的感性思维常被综合用于细化设计方案。理性思维的探索与构建：通过对设计任务书、场地上位规划和场所信息的解读分析，综合甲方意图、城市规划红线、场所文化传统与基础要素等元素的理性判断与线性推导，完成功能区的划分，综合不同使用群体需求，寻找平衡，实现各方利益最大化。感性思维的探索与构建是以设计师对设计主题的美学感知为基础，对方案的实际效果进行直观想象，尽可能发散思维寻找设计灵感，这往往决定了方案中的风格样式与空间氛围。

3. 方案探索与建构的内容

（1）总体设计。

根据建筑空间布局，结合场地分析与整体空间布局形式，进行景观总平面结构设计，形成景观方案设计总平面图，包括功能分区、空间结构、各类功能空间及设施布置的位置、范围等。

（2）专项设计。

根据项目类型进行各系统专项设计，包括道路交通组织及景观视线组织、构造设施、绿地系统、给排水系统（竖向设计）、照明系统、室外家具、生态设计等专项，根据项目需求可增加其他设计。

（3）节点设计。

根据场地空间结构进行分区或重要节点地块的方案设计，对各个分区进行详细设计，明确设计细节，如材料、规格、样式等要求；根据具体项目实际情况进行细分设计。

（4）文本制作。

包括全部设计内容，从场地分析、立意构思、总体设计、专项设计、节点设计等说明，图纸表达包括各部分分析图、平立剖面、透视图等，还包括经济技术指标、材料表等内容，如果需要，可附预算说明。

三、方案比较与综合

在景观设计中，针对特定的问题，解决方案可能多种，设计师应对多种方案对比再综合考虑，做出判断和决策，选出最符合设计立意与场地限制的一个设计方案或以某一个方案为主，吸收和借鉴其他方案特别的亮点，取长补短，精益求精，寻求最优解。通过设计方案的比较与综合，有利于全面地推敲布局、空间构建和细节的合理性。在方案修改重构过程中，概念化的思路和方向逐渐转化为具体的形式，同时还要综合成本与效果、技术性与经济性，短期设计要求与长远发展需要。

1. 立意构思比较与综合

判断设计风格、空间特征、设计主题和活动引导目标，综合选择设计形式。设计者应创立评价系统，从核心问题和设计概念两方面对设计方案进行理性与感性的评分，对比多个方案的长短处。

2. 功能布局比较与综合

通过利用地图叠加技术的分层因子分析，对功能分区、动静划分、遮蔽度、交通动线、空间秩序等进行概念性布局，再通过筛选判断比较综合，确定空间性质、隔断方式、通行形式、围合程度、道路形式、空间组织等设计关键点。

3. 设计细节比较与综合

设计师需要关注的设计细节包括：平面上的主题构成与形式演变的统一性、立体空间层次上色彩设计、肌理设计、小品设计和植物设计的秩序性等。根据景观专业子项结合综合造价进行方案比选。如景观土建类（园路、场地、地形等）子项；景观种植类（乔木、灌木类、藤本植物等）子项；景观建筑类（亭、廊架、树池座椅、景观墙等）子项；景观设施类（成人健身器材、安全防护设施、景观夜景照明、绿地灌溉系统、休闲娱乐设施、儿童活动设施等）子项等。

四、方案深化与完善

在概念设计的基础上，设计师进一步深化设计思路，明确设计方案的具体内容和实现方法。充分考虑实际条件和要求，逐步完善设计方案的细节，并对设计方案进行不断地调整和优化，保证方案的科学性和逻辑性、可行性和实用性、创新性和可持续性。

1. 明确基本任务

在设计方案深化和完善的过程中，需要重新审视设计任务和目标，分析设计方案的优缺点，根据整体布局、设计标准进行方案设计深化与调整。确定景观序列、景观特征要素及景观亮点（水景、喷泉、雕塑、公共艺术等），进行场地平面布局深化与完善，包括各类景观空间（开放空间、半开放空间、私密空间等）平面布局细化，完善景观多元功能，包括观景休憩、文化展示、社交礼仪、亲子活动、锻炼健身等。

2. 完善设计细节和技术方案

完善细节主要包括材料的选择、施工工艺的优化、设备的配置等方面。同时，需要考虑设计方案的可行性和实用性。[①]应关注设计单体中模糊不清的细节与空间交界处的过渡处理。以对水景设计的深化完善为例，在初步设计方案的基础上，既要深入分析影响水景观赏性的因素如水循环、植被、温度等，也要关注水体尺度、驳岸设计。方案的深化与完善可以与施工图的制作同步进行，在施工过程中通过方案评议调整改良施工图纸，全程把握设计成本、材料选择、施工周期。将方案设计中的每一个细节落实到位，对图纸中的材料、尺寸、工艺标注清晰详细，明确空间交接处的处理方式。

3. 与相关人员进行沟通交流

在设计方案深化和完善的过程中，需要与相关专业人员进行沟通，如结构、水电、照明等专业人员，需要考虑专业人员的意见和建议，以便确定设计方案的可行性和实用性。还应与相关其他人员交流，例如相关专家、管理人员、公众等，不断完善设计方案。

4. 完善设计方案的图纸和模型

列出明确的成果清单目录，使设计方案系统化、规范化。各类图纸和模型所表达的信息应准确、清晰、易于理解。设计师还可以通过使用虚拟现实技术实现对设计方案预览，体验式完成对设计方案的查漏补缺来完善设计方案。

5. 进行模拟和测试

在设计方案深化和完善的过程中，可以通过模拟和测试来评估设计方案的实际效果和实用性。例如，可以使用计算机模拟工具来模拟建筑物的能耗、照明、通风等性

---

① 于承轩，汪海涛．建筑设计方案深化与完善的原则与方法探讨［J］．装饰，2019（9）：98–100.

能，或者场地的实际观看效果，以便优化设计方案。还可以使用原型或实验室测试来验证设备或系统的性能。

设计是一个不断发展和改进的过程，持续优化设计非常重要。在设计完成之后，要实时对项目进行反馈和测试，并根据反馈进行优化，不断完善设计并使其更好地满足用户需求。同时，设计师也需要不断学习和尝试新的设计技术和思维方式，不断提升设计水平，为更广大的受众提供优质设计。

第七章

景观设计的未来

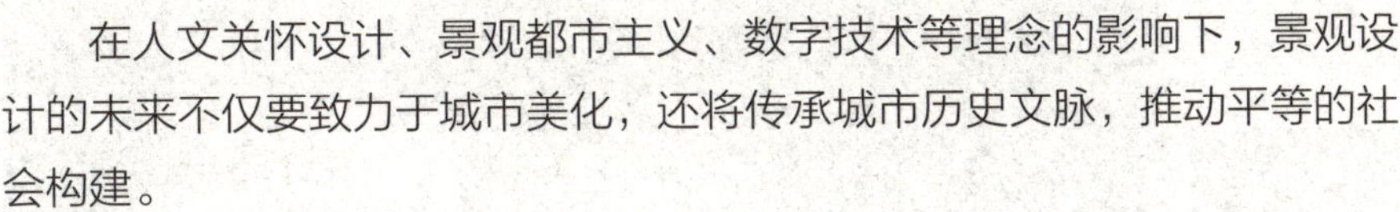

在人文关怀设计、景观都市主义、数字技术等理念的影响下，景观设计的未来不仅要致力于城市美化，还将传承城市历史文脉，推动平等的社会构建。

第一节 | 人文关怀

人文关怀涉及“人”和“人文”，可以理解为既要注重对人的关怀，又要注重对人文环境、场地特征、历史文脉的梳理和融合，其核心在于肯定人性和人的价值，要求人的个性解放和自由平等，尊重人的理性思考，关怀人的精神生活，关注人类的现在和未来。对人文关怀的思考研究向空间和时间两个向度拓展，不断延展研究所涉及领域，从人类社会延伸到了自然界，从当下延伸到了未来。

一、景观设计和人文关怀综述

人文关怀，其实质是对人的尊重，包括人格、尊严、思想以及情感。近几年关于人文关怀的研究多集中在医学、伦理学、心理学、新闻与传播学等领域，对人文关怀的研究涉及多个学科，包含工程科技、社会科学、哲学与人文科学、医药卫生科技、设计学、建筑学等。人文关怀相关的理论研究包括城市意象理论、场所精神理论、文脉延续理论、人类需求层次理论、环境心理学理论、景观美学理论等。

1. 理念阐释

国外学者对人文关怀的研究早期集中于医疗人文关怀，即“Medical Humanistic Care”，强调人文教育和人文精神。Green J.Vanhanen L（1998）认为人文关怀有五个层次的含义：科学、道德、价值原则、人文主义和道德。关怀即态度，体现了人文精神，是一种关注人类社会的精神，包括人类的生存状态、对人性和尊严的肯定、对人的自由和解放的追求。国内景观设计的人文关怀探讨主要集中在游人的主体地位，以求顺应主体需要；此外，还体现在对游人理念的重塑和行为的引导，倾向于倡导科学、文明、健康的生活理念，把人们消费的重点从物质体验向精神体验引导。“人文主义”通常主张以人为中心，而“人文关怀”则对此有进一步的拓展，即人的自由和充分发展应以尊重人的尊严、思想和感情为基础，人的全面发展包括物质和精神的发展。人文关怀可以在景观设计中逐步实现，在景观设计体验中使人获得情感、道德、价值等方面的正确理念（图7–1）。

图7-1　老旧社区儿童乐园景观更新前后的人文关怀对比（陈煜彤、马仁娇）

2. 相关研究关注度上升

景观设计中的人文关怀是设计伦理的核心内容之一，是设计伦理思想的直接反映，是设计实现道德教化的途径。平等、无差别设计、可持续发展等设计理念都是人文关怀的体现。根据知网中“人文关怀”“景观设计”关键词检索分析发现，自2003年以来相关研究呈上升趋势，在2010年时显著提升，到2015年相关的研究数量保持平稳，证明对于景观设计人文关怀的研究持续受到关注。

3. 相关研究学科主题多元

近几年对景观设计中人文关怀的相关研究涵盖建筑科学与工程，美术、书法、雕塑与摄影，公路与水路运输，林业，旅游，宏观经济管理与可持续发展，环境科学与资源利用，高等教育，社会学及统计学，贸易经济等学科，其中建筑科学与工程学科占主导。研究主题围绕居住区、地域文化、风景园林设计展开，人口老龄化趋势也催生了康养景观、医疗景观、养老社区景观的设计实践。

二、景观设计中的人文关怀发展历程

人文关怀的设计理念可赋予景观设计以“生命”。景观设计中人文关怀的研究可以分为三个阶段。

1. 萌芽期

表现在社会变革之中产生了自由平等、理性精神与人性价值的体现等意识。这时期，受到工业革命的影响，景观设计注重形式美感，造型优美，细节精致，是社会上层阶级趣味的体现。1847年英国第一座开放的公园——伯肯海德公园（Birkenhead Park）促进了景观设计人文关怀的发展。19世纪以来，英国工业化迅猛推进、城市化快速发展，导致自然环境恶化，包括自然土地大量减少、各种城市病不断出现，生活环境恶化，社会动荡等问题。1837年，激进的改革家约瑟夫·休姆（Joseph Hume）提议：在所有圈地议案中，应该规定留出足够的公共空间，用于周边居民的锻炼和休闲。建立公园，即在城市中建设拥有自然风光、清新空气、美好景观的公共空间，给普通公众以休闲的空间与权利，成为缓和社会矛盾、缓解政治危机的一种手段。

2. 发展期

伴随心理学、精神分析等学科热潮发展，景观设计的人文关怀研究逐渐深入，在这一阶段，景观设计注重人的行为分析、需求分析，强调景观设计的功能性和实用性。虽然美国、英国、法国等国家已经开始着力打造城市公园系统，但受到大城市发展挤占城市公共空间等社会问题的干扰，发展较为曲折，仍旧偏向发挥景观的美化属性。

3. 高潮期

更加注重景观的生态、美学、社会、文化价值属性。在后现代主义时期，人文精神表现在对现代主义的反思和文化的批判上。20世纪后期，社会矛盾的日益加深，因现代主义影响而逐渐形成各种意识形态，哲学、美学和文学艺术等领域的反主流文化运动等，深刻影响了设计领域。对现代主义设计观念的思辨慢慢走向纠正和跨越，形成了多元化的思潮，跨学科融合打破专业壁垒，从更多的角度为人服务，为人的需求服务，为人的精神服务。

三、景观设计中的人文关怀发展趋势

景观设计中的人文关怀基于伦理学发展而来，突破原有的学科框架，承担着更为宽泛的社会责任。在关注对象上，伦理学所关注的是“关系中的人”，而设计伦理反映的是设计过程与结果中人与人、人与社会及自然的关系，在设计理念上注重对人的关怀、人与空间的关系探究以及文化融合进行思考。在设计标准和相关法规中，人文关怀体现在对不同空间的划分，对“边缘群体”的重视；在设计规划及手法上，体现在布局方式、色彩设计、景观形式选择和区域文化融合等方面。

1. 广泛深入研究景观疗愈功能

疗愈景观起源于20世纪80年代。Wilbert M. Gesler等提出疗愈是有益的过程并可促进整体健康，包括生理、精神、生物及社会元素等，是基于外在环境作为治疗工具，通过自身感知体验和机体调节，将各种消极因素转化为正向、积极的力量，在一定程度上减轻身心痛苦，提高机能，加强交流，进而促进健康。学者Eckerling认为疗愈景观空间是以康复为目的，为人们带来安全感和舒适感，并可缓解压力的空间类型；R.Ulrich通过调查发现花、绿色植物等自然元素对人们的情感具有慰藉作用，能够激励人们产生积极情绪。随着时代的发展，景观不只是重塑一些记忆空间作为符号化场景，更彰显疗愈功能。在交互设计和个性化定制方面有了突出的进展。景观互动性、参与性设计同属于人文关怀方面的艺术心理治疗，即以艺术活动为中介的心理治疗技术，注重人的参与，从而认识和接纳自我，发展自我，发挥潜能，享受艺术，排解心理困扰。另外，景观疗愈还侧重对于人内在需求特征展开研究，通过从社会学、人类学、心理学等角度的分析细化人的需求，注重个性的定制设计（图7-2）。

图7-2　老旧社区景观更新中健身活动与康养花园结合设计（史乐萌、杨冰洁）

2. 景观功能复合化

景观设计逐渐从粗放型设计模式转向针对各地特色、问题、需求的精细化设计。对于景观发展刚起步的区域，人文关怀表现在注重景观的美化功能，满足公众的基本生活需要和生态需求。对于景观发展较好的区域，开始关注存量景观优化，包括老旧、废弃空间的改造以及其他小微空间更新设计，人文关怀表现在注重边界和细节优化，注重景观的社会功能和文化功能。景观设计融入社区，社区治理与更新设计成为重要课题，景观设计融入乡村建设衍生出ASC（Agriculture Support Communities，农业支持的新鲜食品获取社区计划），农业也被包含到景观设计之中，这关系到乡村生产生活。随着时代发展，一方面，城乡时空限制在不断被打破，另一方面，各地又在不停地重塑空间归属感和乡土记忆，挖掘地方特色，借助对历史、人文风情和熟悉的生活环境的描绘及再造，传承地域文化、历史空间等特征，以提升地方认同感、归属感和眷恋感。景观功能复合化特征日趋显著（图7–3）。

图7-3　老旧社区老年活动区景观更新前后的人文关怀对比（陈煜彤、马仁娇）

3. 加强景观无障碍设计

无障碍设计（Barrier–free design/Accessible design）是1974年联合国召开“障碍者生活环境”专家会议时提出的设计新主张，旨在凭借现代科学技术，为老年人和残疾人等弱势群体提供方便其行动、安全的活动空间，以创造平等的社会环境。第二次世界大战后，西方发达国家开始关注此类问题，多国迅速立法。查尔斯·哈里斯（Charles W Harris，1998）等出版的《景观设计学的设计与施工常用标准导则》为世界各地的设计实践和教育提供了宝贵的信息。其中的户外无障碍设计指南，聚焦于公园、运动场地、游戏场地、花园、荒野、沙滩与常见的城市环境等，基于重要的设计概念与原则提出营造完全无障碍环境的设计建议与导则。美国学者提出无障碍设计应避免设计致残。

我国也有相关研究和设计实践。1989年我国出台《方便残疾人使用的城市道路和建筑物设计规范》，2012年发布涵盖城市绿地与广场的无障碍法规《无障碍设计规范》。以举办北京奥运会为契机，完善了无障碍标准规范体系，提升了无障碍的普及程度。但景观无障碍设计研究还有待进一步探讨。无障碍设计应有机地融入景观整体设计中，使景观连贯统一。不同人可以使用共同的游线，让障碍者自然融入人群中，平衡景观和人群的矛盾，积极打破残障者在景观体验中的物理、内心和社交障碍等，设计体现尊重和人性化。

景观无障碍设计应建立连续的、无缝衔接的无障碍通道系统，保证可达性；配套的基础无障碍辅助系统，包括无障碍卫生间、间隔合理的休憩点、求助电话、充电桩等，并保证可用性；依据障碍者空间使用的必要程度与需求的迫切程度进行分级规划设计；应注意细节尤其是具有安全隐患处，如缘石坡道、触觉铺装（盲道等）、立面触觉辅助（扶手等）应精心设计。各类景观空间应积极促进障碍者的使用，促进景观共享。设计应基于人体基本尺度、行动力、行为特征等，对各类障碍者进行分类研究，以便使景观设计给所有人带来良好的愉悦性体验。设计应服务所有人（图7–4、图7–5）。

图7-4　老旧社区公共活动空间无障碍景观设计（陈煜彤、马仁娇）

图7-5　老旧社区儿童游戏场地无障碍景观新设计（史乐萌、杨冰洁）

第二节 | 生态设计

生态设计（Eco-design）表现为三个核心理念：生态美学与协调发展理念、生态未来愿景的共同体理念、绿色设计思想和生态系统设计的理念。西蒙·范·迪·瑞恩（Sim Van Der Ryn）和斯图亚特·考恩（Stuart Cown）定义：“任何与生态过程相协调，尽量使其对环境的破坏影响达到最小的设计形式都称为生态设计。”在我国古典园林中生态理念早有体现，并注重人与自然和谐相处。

一、生态设计综述

生态学理论的发展不断影响景观设计的发展，从19世纪下半叶至今，西方景观的生态设计思想先后出现了自然式设计、乡土化设计、保护性设计和修复性设计的设计倾向。

1. 生态设计倾向

（1）自然式设计：是通过植物群落设计和地形起伏处理，从形式上运用最新生态科学的成果进行创新设计。该类设计致力于将自然引入城市环境，代表人物是奥姆斯特德（Frederick Law Olmsted），经典作品是曼哈顿城的“绿肺”中央公园设计和波士顿公园系统设计，用自然式设计思想和方法重构日渐丧失的城市自然景观系统。

（2）乡土化设计：通过对本地及其周围环境中植被状况和自然史的调查研究，使设计契合当地的自然条件并反映当地的景观特色。设计不是想当然地重复流行的形式和材料，而要适合当地的景观、气候、土壤、劳动力状况及其他条件。乡土化设计运用乡土植物展现地方景观特色，成本低并有助于生态环境的良性可持续发展。

（3）保护性设计：是对区域的生态因子和生态关系进行科学分析，通过合理设计减少对自然的破坏，以期保护现状良好的生态系统。形式自然的设计并不一定具有生态的科学性，保护性设计是将景观设计与生态学研究紧密联系，并建立起科学的设计伦理观即人类是自然的有机组成部分，必须限制人类对自然的伤害行为，人类应担负起维护自然环境的责任。

（4）修复性设计：修复性设计可理解为环境在受到自然或者人为的破坏之后，基于一种和大自然的合作关系的视角，采取对环境低影响、低代价的有效设计方法，对环境进行修复与更新，让已经处于恶化形势下的生态环境得以重新改善。修复性设计有助于最大限度地提高受损环境生态系统的自愈能力，有助于环境生态系统保持自我更新、稳定和维持，有助于实现绿色、可持续发展。

2. 生态设计难题

从20世纪60年代至今，生态思想逐渐成为景观设计的指导思想。生态文明水平是由科技、经济发展水平和人类对其认知程度等多种因素决定的。从技术、经济和意识的思维角度考察，景观生态设计面临许多未知的挑战。同时要考虑景观生态风险，即在自然环境变化和人类区域活动的干扰下，不同因素交互作用对景观生态环境产生的负面影响。通过景观生态效益评价反馈于景观生态设计，再通过科学性、合理性设计实现景观内的生态平衡，降低风险，并促进设计的动态可持续发展。充分发挥可再生资源的优势，灵活应用生态技术保护生态环境，以及引入公众参与等也是有待深入研究的课题。

二、景观生态设计演进

1. 理论演进

早在1939年德国地理学家特洛尔（Troll）就提出景观生态概念。随着中欧许多国家对景观生态的不断探索与研究，并多次召开国际学术会议，这些推动了20世纪80年代末国际景观生态学发展和国际景观生态学会（International Association for Landscape Ecology，IALE）的成立。1987年创刊发行的*Landscape Ecology*更是对景观设计学科建设和发展起到了至关重要的推动作用。从生态学视角看，景观设计是按生态学与美学原理对局地景观的结构与形态进行具体配置与布局，包括对视觉景观的塑造。景观生态设计就是坚持人与自然和谐发展，同时深刻贯彻与落实生态文明建设理念，设计形成完整的生态系统，从而推动人类经济活动和自然过程的共同发展，并促进人类栖息地的不断优化。

2. 内容拓展

工业化和城市化进程带来一系列生态问题，例如不透水地面增加，绿地和水生景观减少，景观破碎化和分散化等，引起了景观格局的变化。这都需要从景观生态设计出发进行深入研究。人们开始进行维护生态环境的规划、设计和管理，包括后工业景观、棕地生态恢复、雨水利用等方面相关理论研究与实践。景观生态设计是在生态价值、生态理论和方法之上确立起来的应用方向，在设计中降低人为设计因素的过分干预，保证景观生态系统包括郊区森林、公园、草原、绿色廊道、水体等在内的能够提供自然生态系统服务的景观安全，同时，充分展现景观的自然性和生态性。景观生态设计应重视生态系统建设，确保生物多样化，使景观安全健康发展。景观的生态设计还要考虑生态美学，既要设计满足生物存活率和多样性需求的景观，还要结合景观技术，设计具有生态和美学双重属性的优质景观。切忌景观生态设计的形式化，对生态理念的理解过于肤浅，认为只要有水、有山、有树就是“生态”。常年干旱的地方出现大量的人工水体、发达的水系被水泥包围、古树名木入住园林、廉价的乡土植物被昂贵的观赏植物替代等，这些景观设计都是伪生态的、非科学的，不仅难以改善生态环境，还浪费资源，增加后期维护费用（图7–6、图7–7）。

图7-6 生态友好社区花园设计示意图

图7-7 生态友好公园设计示意图

三、未来发展趋势

景观生态设计从景观生态学借鉴范式和方法，需要理论提炼和转换。对于生态文明建设来说，景观设计是一个至关重要的维度，它可以通过区域内空间布局与配置来实现空间资源的优化及可持续发展。设计除了原本的廊道、生物圈的维护，还要研究自然地域。

1. 充分结合地域特色

景观生态设计首先要尊重自然，充分利用现状条件，减少资源能源的消耗，使城市环境及生态系统健康发展。应因地制宜地进行设计，挖掘当地景观特色和文化特色，保护乡土动植物群落、生态敏感区域，生态修复环境污染区域，适当开发旅游等。

在未来的景观设计中，要保持生物的多样性，将城市生态系统置于整个生物圈范畴内进行规划，建立市区、郊区及乡村的复合生态系统，保护城区及周边的各种生物。如法国里尔生态岛（Euralille Eco-island）自然保护区里，死去的树木为昆虫提供栖息地。生态岛上自然生长的生物自成系统，既保持原有的地域特色，又维系着原本的生态群落。想要保持原有生态群落，可以建立微型自然保护区，培育和保护生物栖息地，让时间和生态本身做功，将人类的干扰减至最小（图7-8）。

图7-8 居住区结合雨水花园的公共空间设计示意图（李卓尔）

2. 构建景观生态系统

景观生态设计过程中应遵循整体性、系统性思想。城市、乡村、城乡接合部等自成系统，分别包含大量的物质构成因素和若干子系统。例如城市系统中景观与空间形态作为城市重要的构成部分，凝聚着人类的智慧、情感、想象力和理想的追求。空间与人的生活密切相关，人的主观意愿引导着城市景观与空间的建设，并对已存环境施加影响。要实现城市的可持续发展，应基于景观生态理论，设计生态绿地，并合理分布。城市生态景观的营造应兼顾现有城市和自然风貌的规划，以期构建良好的生态系统。

城市、乡村、城乡接合部等系统都具有开放性，未来，城乡各开放系统将逐渐友好交织、有机结合一体化建设，形成区域生态系统。景观生态设计应考虑区域生态保护、治理与管理的协同性，促进区域生态环境改善和区域可持续发展。相邻区域生态系统间有机结合，逐步形成国土资源空间规划的基础。目前虽然国内外研究主要集中在生态景观指标上，但林业、景观生态学、建筑和城市规划等领域的专家对生态景观指标有不同的认识。未来可重点考察生态景观设计和区域本身的和谐度（图7–9、图7–10）。

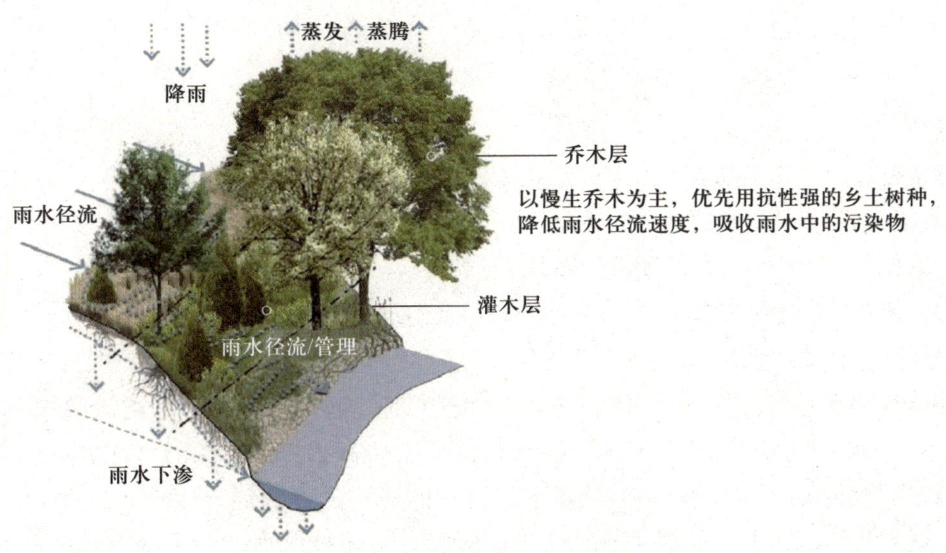

图7–9　生态景观中的雨水径流管理示意图

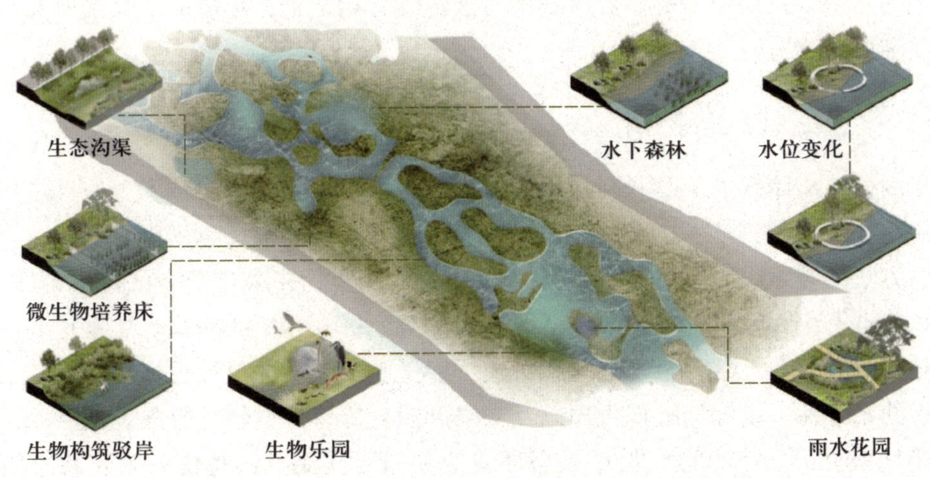

图7–10　景观生态系统设计示意图（王欣然等）

第三节 | 数字景观

数字技术在20世纪中后期开始应用于景观设计，增强了景观设计的技术性、多样性、虚拟性以及互动性，突破了景观设计的时空局限性，促进了全球范围内的信息共享。回看“国际数字景观大会”的主题演变，从景观数字化模拟表达、景观分析与参数化设计到数字景观教育等，数字技术从辅助工具转向设计方式，甚至变为主导设计。

一、数字技术与数字景观综述

数字技术已为景观设计带来了新的方法与视角，突破了二维平面的制约，革新了传统规划设计基于经验的感知与设计方法，助推着一种新的城市景观设计系统的建立即虚拟交互、过程可控的景观设计系统。

1. 数字技术

数字技术又称数字化技术，包括硬件技术与软件技术两部分。美国IT专家Don Tapscott将数字技术定义为利用通信基础设施实现信息技术高速、畅通传递的一种通用技术，核心为物理信息系统（Cyber Physical System），其演化可分为信息化、数字化、数字化转型三个阶段。数字技术在设计中的应用已辐射到设计的全领域，表现出了其虚拟性、应用性、科学性等属性。虚拟性在于通过可视化的数字表达展示设计；应用性是借助计算程序来解决实际问题的可践行性；科学性表现于对数据、信息获取及处理的定量、系统分析等。数字技术与景观设计相结合，形成驱动景观研究与实践的“数字景观技术”。

2. 数字景观

同济大学刘颂（2016）认为：“数字景观是借助计算机技术，综合运用GIS、遥感、遥测、多媒体技术、互联网技术、人工智能技术、虚拟现实技术、仿真技术和多传感应用技术等数字技术，对景观信息进行采集、监测、分析、模拟、创造、再现的过程、方法和技术，是区别于传统的用纸质图片或实物来表现景观的技术手段。”成玉宁（2021）认为数字景观设计包括数据采集与分析、方案的模拟、数字化建造和绩效的测控四大环节。数字景观趋向于形成一种全生命周期的设计目标，由于其信息获取分析的系统性、设计的模拟再现以及未来可预见等特性，数字景观设计可以很好地掌控场地条件，合度设计，促进人居环境的高质量发展。由德国安哈尔特应用技术大学（Anhalt University of Applied Sciences）主办的国际性会议“国际数字景观大会”（Digital Landscape Architecture Conference），自2000年开始，每年举办一届，会议关注的议题从重点围绕景观数字化模拟表达、景观分析与参数化设计、数字景观教育等方面（图7-11），[①]逐渐渗入到设计手段、施工技术、材料以及项目管理等多个维度，发生了从辅助工具到设计方式，甚至到审美追求的转变。

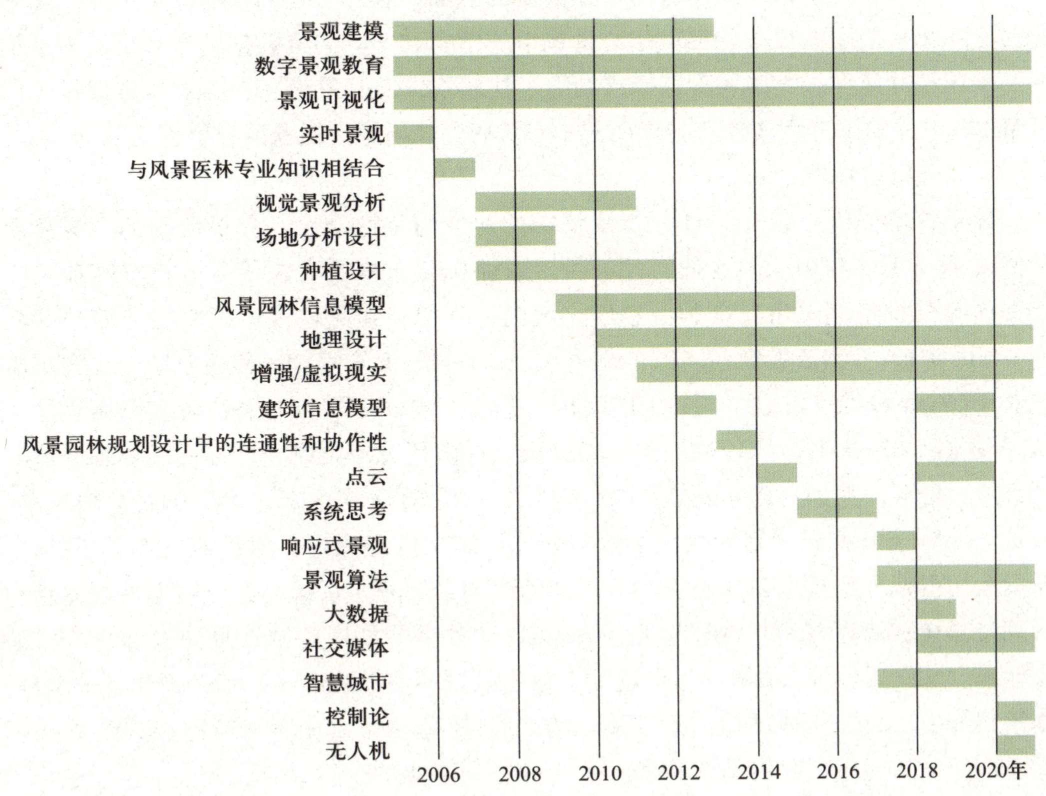

图7-11　从2006—2020年近15年间“国际景观数字大会”关注的议题变化
（第21届“国际数字景观大会”展望数字风景园林技术研究热点和前沿）

3. 数字景观技术

数字技术在景观设计中的应用研究已涵盖了景观设计的分析研究、设计、营建以及管理等各方面，涉及景观数据的采集、分析、景观方案的模拟、景观数字化建造、景观绩效测控等多个维度。按照在景观设计不同阶段的应用，数字技术可分为三大类：景观信息采集技术、分析评估技术和模拟可视化技术。

（1）景观信息采集技术。

场地信息的采集是景观设计的基础。景观信息按照来源差异可分为主客体两类数据，具体内容包括地形、气候、植被、水体、建筑等自然环境要素，以及人的空间行为数据等人文要素。传统信息搜集主要借助纸媒、实地调研、问卷调查以及访谈等形

① 刘颂，章舒雯.数字景观技术研究进展——国际数字景观大会发展概述［J］.中国园林，2015，31（02）：45-50.

式实现，受空间跨度影响较大，耗时耗力，尤其是对于变化频率快、搜集难度高的主体数据来说更加困难。数字技术拓宽了数据获取的渠道与类型，提高了效率。遥感技术、航测技术、三维扫描技术等为采集数据的全面、客观、精确性提供了可能，如宋全昌（2020）采用大数据分析算法对景观中的植物和空间结构数据进行采集、筛选加快了景观设计速度；美国风险营销家约翰·杜尔将Social（社交）、Local（本地化）以及Mobile（移动）三元素整合，提出So Lo Mo理念，指导广泛获取社会人文数据。

（2）分析评估技术。

数字技术促进了景观设计分析评估中的定量与定性结合。分析数据的内容涉及空间功能与土地利用、生态适宜性评价、道路优化与水文分析等；分析空间涉及二维平面与三维空间，包括高程、坡度、坡向、日照、道路坡度、雨水径流等空间数据。Clinometer（测量坡度和斜率的软件）、Sunseeker（使用GPS和磁力计追寻太阳轨迹）、Planimeter（测量地图上的土地面积与距离）、ArcGis（场地基底资料分析软件）、Grasshopper（复杂形体处理软件）等辅助软件打破了时空限制，帮助实现对基地情况的模拟、分析。例如，Rosemarie Hösl等利用ArcGIS的水文分析工具，通过分析流向、流量，计算土方填充，判断线性结构与非线性结构的径流量差别；黄文柳等（2015）探索运用虚拟现实技术建立完善的数字模拟西湖景观分析系统，并应用于规划编制和管理过程中；袁旸洋等（2015）基于Arc GIS软件平台的道路选线算法，结合分析地形地貌、水文条件等8项因子，构建了参数化风景环境道路选线模型；张驰等（2021）基于Rhino+Grasshopper平台，对Dijkstra最短路径算法、遗传算法及道路选线影响因素进行研究，构建参数化风景环境道路自动选线模型。

（3）模拟可视化技术。

可视化（Visualization）是利用计算机图形学和图像处理技术，将数据转换成图形或图像在屏幕上显示出来，再进行交互处理的理论、方法和技术。景观模拟与可视化技术主要体现在景观过程可视化与模拟，以及景观场景可视化与模拟两个方面。AutoCAD、3DMax、Sketchup、Rhino、Lumion等二维、三维软件的出现为方案的模拟表达提供了可能，AR/VR等技术的应用则为景观方案的场景化、体验互动增强提供了支持（图7-12）。在景观过程可视化与模拟方面，众多模型被引入到城市、自然环境要素（如植被、阳光等）、城市交通等的生长过程模拟与未来演变可视化中。例如，王娜等（2022）借助CA-Markov模型模拟在生态网络约束下的长沙市2035年景观格局；李琛等（2022）运用未来土地利用变化情景模拟模型FLUS的改进模型，动态模拟预测安宁市2030年不同情境下景观生态风险空间分布特征和变化趋势等。

二、数字景观设计演进

从2000年至今的国际数字景观大会主题演变，数字技术之于景观设计的影响大致

图7-12　公园设计中的模拟可视化示意图（李卓尔）

经历了三个阶段即虚拟表达期、专业分析期、综合拓展期。

1. 虚拟表达期

20世纪80年代初，计算机图形辅助设计成为视觉表现的重要手段，如AutoCAD、Photoshop、Sketchup等计算机辅助设计软件极大便利了景观设计师的图纸、模型表达与管理，让三维空间动态仿真成为现实，被称为第三次图像革命阶段。2000—2004年，虚拟景观表达被重点关注，这一时期数字技术将景观内容转换成了0和1所构成的数字化景观，是一个机械式的内容可视化阶段，但不涉及专业分析。

2. 专业分析期

从2005年开始，数字技术于景观设计的应用更加注重实时性、融合性以及参与性。一方面，设计师借助数字技术实现思想理念的实时展示，让观者有了更强的感官体验与参与性；另一方面，数字技术深入到了景观设计的专业层面，开始关注专业矛盾、问题的处理与解决。这一阶段景观空间格局、生态风险评价、森林景观和城市绿地等成为主要研究热点。

3. 综合拓展期

2008年国际景观数字大会的主题为“景观中的数字设计”，涉及的领域包括场地分析设计、信息管理、历史名园改造、种植设计、视觉景观分析等多个维度。2012—2016年，会议主题集中展示了数字技术在景观规划设计中的连通性、协作性以及系统性思维的优势。2017—2019年，“智慧城市”与“大数据”成为热点，开始探讨景观设计如何基于数字化在不同类型场景下发挥作用，实现生态环境的人性化、智能化。近些年，随着激光投影技术、动画视频技术和交互技术等的发展，景观设计开始朝着虚拟现实的方向发展，虚拟现实技术（VR）、增强现实技术（AR）以及混合现实技术（MR）的使用，开始将平面艺术转化为了三维艺术，进一步加强了观者的沉浸体验性（图7-13）。

图7-13　景观设计中的数字技术应用示意图

三、未来发展趋势

1. 景观的数字模拟仍是未来的研究热点

数字景观研究内容有两个方面：一是景观模拟，二是分析解决问题。景观模拟是分析解决问题的基础。如何更逼真地表达景观，如何更快速、更方便地展示虚拟景观以及将现实景观或设计者的想法转译成数字景观是首要关注的问题。尤其是在虚拟现实技术的大发展背景下，计算机仿真技术、三维景观模拟、将二维图纸向三维可视化交互模型转变等将成为学者们讨论研究的热点内容。

2. 数字模型支持下的景观数据分析与评价持续发力

数字景观技术建立在计算机软硬件技术基础上，并吸收了许多相关基础学科的成果，促进了景观设计定量分析的发展。“数字景观国际研讨会”作为我国教育部批准、中国风景园林学会支持的系列国际学术会议，于2013年开始，每两年举办一届，现已成功举办五届，影响力不断提升，形成了数字景观高水平研究领域，有效促进了学科和行业科技进步。从2013—2021年间的五届研讨会主题与议题的变化来看（表7-1），在城市生态建设的大背景下，将数字模型引入景观设计的绩效评价，会进一步促进城市可持续发展、低影响开发的研究。其中，地理设计（Geodesign）将成为研究的关注点。

3. 景观之大数据应用和智慧感知

数字技术于景观设计应用的深度与广度在不断扩大。从设计出发来思考数字技术发展的研究也将成为热点。在互联网技术高速发展的背景下，数据获取的途径、种类、内容丰富度等变得更加容易。随之，如何利用多源时空大数据识别和研究景观生态系统；如何基于景观数据和深度学习模型应用智能测度方法，实现景观空间表征的

表7-1　五届"数字景观国际研讨会"主题与议题变化

届次	主题	议题
第一届	数字技术背景下的当代景观实践	/
第二届	数字技术助力风景园林艺术	• 数字技术与地理设计 • 数字技术与风景园林规划设计过程中的参数控制 • 数字技术及其在风景园林评价中的应用 • BIM在风景园林中的应用 • 基于数字技术工具和方法的风景园林教学
第三届	数字技术与景园绩效研究	• 海绵技术与景园绩效研究 • 景园环境构成与绩效研究 • 景园环境可持续定量研究 • 地理设计的方法与工具
第四届	数字技术引导下的低影响开发	• 低影响开发与生态安全 • 海绵城市的实践与绩效 • 数字景观与可持续研究
第五届	数字技术支持下建成环境蓝绿耦合发展	• 低影响开发下的城市绿地规划 • 建成环境蓝绿空间可持续发展 • 数字景观相关议题

大规模测度和诊断，促进对景观空间表征现象的科学认知；如何评价与反馈景观设计等将会成为研究的热点。数字技术赋能智能景观和智慧感知，结合数字景观的概念，数字技术通过改变景观设计和建设过程的可见性影响着景观发展，促进了景观全周期、全链条、全要素的协同；另外，数字技术改变了人的可见性，影响着人注意力的分配方式，进而在虚实共生的公共空间中改变着人的体验方式和行为方式。数字化技术的应用将加快景观设计的观念突变与范围扩展。数字技术的技术性、多样性、虚拟性以及互动性的特点，将促进景观设计合理健康发展。

第四节 | 景观管理

德国的景观管理研究与实践起步较早，成为景观管理典范。英国、日本等国家景观管理被纳入城乡规划体系，并有完整的立法保障，发展较成熟。我国学界也有关于景观管理的研究，表现在土地规划或土地利用方面。

一、景观管理综述

景观管理是一门将关注点置于土地，确保自然或人工环境能长期有效地满足人类需求，并能可持续地提升人居与自然环境的科学。其中《欧洲风景公约》提出景观管理是："从可持续发展的角度出发，确保对景观的定期维护，以指导和协调由社会、经济与环境发展所带来的变化"。

1. 理论研究概述

景观管理的发展从基于美学的规划控制，到环境危机促进的学科交叉管理、再到生态需求下的大景观管理，伴随景观概念的认识而不断拓展。

（1）国外相关研究。

18世纪末到19世纪中叶，景观管理致力于对城市街道景观风貌的管控。例如，18世纪80年代法国开始对建筑红线和建筑外包线进行控制；意大利基于1939年《自然美景保护法》的颁布开始了普遍意义上的景观管理，管理涉及风景规划区的管理；德国于19世纪中叶掀起的"国土美化"运动强调景观的美化作用，促使景观管理的理念延至农业生产、公共卫生、社会发展、经济增长等领域。19世纪后期，工业革命所带来的环境问题促进了学科交叉管理，景观管理注重城市化快速发展所带来的负面影响，缓和社会矛盾，管理表现为多学科的支撑、多部门的协作。1976年《联邦自然保护法》颁布，将景观规划作为自然保护的工具，为其执行提供了法律保障，景观规划具有了法律效力。德国景观规划对象是所有生态环境和生态要素，将生态发展纳入大景观管理，形成了以生态功能为主、非生态功能为辅（包括美学、景观多样性等）的综合管理体系。近年来，景观管理理论层面的研究重点围绕内涵、法规体系等展开。Jones M等学者认为景观管理是一项综合、弹性、可持续的景观政策行动；张斌等（2018）聚焦乡村景观，从内涵解读、权属分析、可持续机制等方面讨论乡村景观管理存在的问题，即缺乏全面认知，保护与规划脱节等。从法规层面对景观管理的研究也不在少数，例如以欧洲、日本为代表的众多国家已将景观管理与可持续发展紧密结合，甚至列入法律规范，并形成了较为完备的景观管理体系和程序组织。

（2）国内相关研究。

目前我国的景观管理法规还未形成完善的体系，有待深入研究。我国景观管理发展经历了审美主导下的养护管理、经济主导下的管理弱化、生态建设下的协调探索等过程。众所周知，我国古典园林追求“虽由人作，宛自天开”，讲究自然美与建筑美融合的审美追求，重精细养护管理。新中国成立之后，重建设、轻管理，景观管理多局限于维护管理层面。20世纪80年代后，构建园林城市的目标逐渐成形，景观管理的内容也逐渐扩展，形成了从开发、规划到实施、维护相对完善的管理体系，其中包括建立自然文化遗产保护的管理体系。我国城市设计管理的技术管理（2000年之前）、实施管理（2000—2015年），以及全过程管理（2015年之后）对景观管理的发展有重要影响。管理研究从方法技术，发展到制度化、法律化研究。

2. 管理路径研究概述

景观管理路径研究主要包括参与主体、信息技术于景观管理的应用、景观管理可实践路径等方面。具体表现在：①公众参与景观管理对城市建设的影响；②部分学者聚焦于GIS系统支持下的景观格局和景观管理研究；③Cosgrove总结了生态方法和符号方法两种景观管理思路，前者从生态学理念出发，将人类活动视为对生态平衡的干扰，管理的是景观的生态格局变化；后者强调文化含义，将景观视为人与自然的互动结果，管理景观的特征变化。Zita等学者尝试从生态学、符号学、管理学等方面探究景观管理的科学流程和工具，以整合到空间规划的实践应用中。另外，英国提出了以设计导引（Design Guide）、设计准则（Design Code）、评估体系（Assessment Framework）等程序为核心的动态管理办法，通过制定景观特征地图及景观影像变化报告等监测管理景观的动态变化，从而提供制订景观管理政策的基础信息，为景观管理提供了一个强力有效的新工具（鲍梓婷，2019）。

二、景观管理分类与模式

1. 景观管理分类

景观管理旨在借助科学的手段提升自然、人居环境品质。纵向看，景观管理的工作涉及设计、建设、运营以及维护等不同阶段；横向看，景观管理的内容又涉及产权归属、管理主体、经费落实、养护团队等多个维度。按照不同的划分标准，景观管理的类型如图7-14所示。

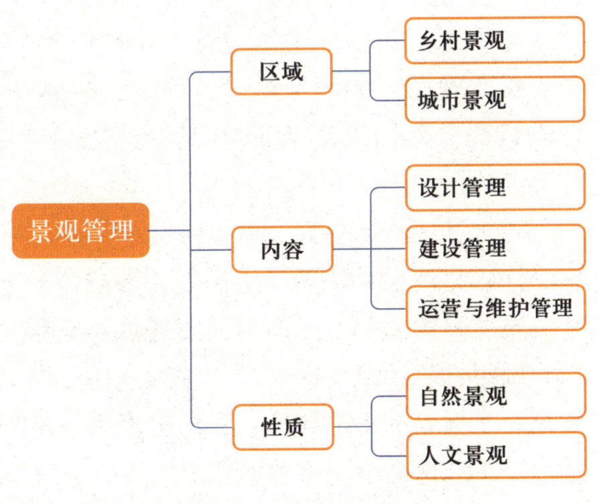

图7-14　景观管理的分类

（1）设计管理。

关于景观设计阶段所进行的管理工作，英国设计师Michael Farry认为

"设计管理是在界定设计问题，寻找合适的设计师，且尽可能地使设计师在既定的预算内及时解决设计问题"。具体来看主要包括设计进度、设计合同管理、设计质量管理、设计成本管理、设计规划管理等。设计管理的模式，当前主要有专业的设计公司代理、项目主体公开招标、自组建设计团队三种形式。

（2）建设管理。

建设管理一般由项目建设单位执行，项目建设方要按批准的建设文件，充分发挥管理的主导作用，协调设计、监理、施工以及地方等各方面的关系，负责技术交底，跟进现场的施工指导工作，及时解决现场交叉施工问题，控制好现场施工中的重要节点工程质量等问题，最终实行目标管理。管理工作的良莠情况，将直接决定着最终的景观质量。而作为管理主体的政府或其他主管部门则在建设管理之中起着监督与管控的作用，对管理客体——景观本身进行着控制。

（3）运营维护管理。

景观的运营维护管理是景观可持续的重要工作。运营维护者需要借鉴园林绿化养护操作规程及园林绿化养护质量标准，对景观项目中的植物、水环境、设施等进行管理维护，以保障景观设施的正常运作，呈现景观的最优状态，并保障景观项目的可持续发展。

2. 景观管理模式

景观管理的主体由国家政府、主管部门（如规划局、建设局、园林局等）、参与单位或社区组成，三方彼此协作，在不同的阶段或从不同层面介入景观管理工作。伴随公众参与公共事业意识的强化，三方主导下的景观管理模式也逐渐发生了从政府主导的自上而下模式向政府与社区协作共治模式的转变，其中社区自治模式是关键。

（1）政府主导管理模式。

政府主导的景观管理具有一定的公益性、公共性。政府宏观调控景观规划的内容、产权归属等，主要借助法律政策、条例准则约束管理的参与主体行为。例如，日本《景观法》明确了景观管理在城市规划建设中的地位，甚至将景观管理上升到了"观光立国"的国策高度。同时，政府又可借助权力下放，充分发挥管理者和专业人员的专业知识，保证制度实施，如工程进度、资金募集与使用、资源的合理搭配等。

（2）社区自治模式。

社区自治模式体现了居民公共参与意识的觉醒。居民依据需求，对身边的景观进行调整。该模式降低了政府的管理成本，强化了居民与景观的互动，为增强集体精神与归属感提供了良好路径。但该模式由于具有自发性、自由性、随机性，使得景观管理具有了极大的不可控性，容易出现标准不一、混乱难调的问题。

（3）共治共享——政府主导+社区参与模式。

该模式最早出现于日本的"造村运动"后期，即在政府的主导下组织居民提出共同关注的问题与解决办法，并制定相应的准则，同时又鼓励居民参与政府的培训，以提高其参与公共事务建设的素质和能力，发掘景观管理的潜在人才，这不仅保持了管理规划的统一协调性，又极大地激发了居民的创造力与自主积极性。由于此模式的优越性，不同区域也开始逐渐效仿，如韩国在政府发起、政策统领的前提下，建立了物质与精神“奖勤罚懒”双重激励机制。

三、景观管理发展趋势

景观关乎自然、人文。景观管理不仅是技术问题，更是社会问题，是一个系统性的工作，需要借鉴城市管理相关的法律法规体系、规划编制体系、技术支撑体系以及决策运作体系，建立起宏观层面的属性认知、中观层面的管控体系、微观层面的群体参与景观管理体系，以法治保障管理措施的落实。

1. 对管理对象深入研究

关注自然景观资源中的地貌和地质、植被资源、风景资源等问题，深入研究相关环境问题。研究主要集中在景观形成机理、景观类型、景观价值评价、人的活动包括旅游活动对景观环境影响、景观保护等方面。同时，应关注景观研究领域的拓展，涉及地球表层科学、人文艺术等多学科，它们在区域变化、人地关系、减灾防灾、区域开发的理论和实践方面发挥着重要作用。

2. 管理方法拓展研究

从早期的以技术措施为主的管理，到技术—行政手段结合的管理，目前向可持续综合治理转变。相关领域新的管理方式和方法正不断涌现，景观管理可以研究借鉴。国家级环境治理景观建设项目也将从最初的分散、小型工程建设，发展到专项、大型的治理与建设，再到综合治理，进入一体化管理阶段。同时，要妥善处理经济发展与生态保护的关系，实现可持续发展目标。

3. 法规体系构建研究

我国还没有针对景观管理的专门法律。目前常用的管理手段包括法制、行政命令、经济、技术、信息教育及综合类，主要是通过激励和强制两种方式，疏堵结合。有关的法规和规划制定实施，主要通过城市规划，土地、水、空气污染治理，地质矿产资源、森林、生物多样性保护等相关方面来进行。行政手段是主要的实施手段，涉及行政规章和条例、规划和区划、财政、许可证等，应尽快完善法规体系，形成景观管理的标准与约束。

4. 鼓励公众参与，引入评估机制

在景观的建设管理过程中，应重视公众的参与、分担与监督。注重培养公众的参与水平，加强宣传的同时进行专业培训，使公众具有一定的专业素养，加入景观管理工作，强化社会归属感。为了使景观管理可持续地健康发展，应注重过程管理的有

效控制和引导，要厘清景观管理的对象、法理基础、制度基础等，建立精细化景观管理的保障机制，形成科学的实施方法与评估机制，进一步促进景观建设与管理的良性发展。

总之，景观管理问题纷繁复杂，未来要明确可持续发展目标、景观生态系统及外部的社会、经济、政治、文化系统耦合；整合法律、技术、经济等各种不同的手段；利用新兴的大数据、人工智能、生物技术作为重要技术支撑；政府主导参与主体与跨部门、跨团体管理方式相协调。兼顾景观生态系统保护、生态服务提升与民生改善有机结合，最终达到景观资源的社会化共同治理。促进景观管理朝着精细化、科学化、合理化、高效化和环境友好的目标发展。

第八章

景观设计经典案例

经典案例分析应用于景观设计教学中，可以让景观设计动态发展思想与设计思维融入学习研究中，提升学习认知等综合素养。本章按常见景观设计类型，分别选用有学术和实践影响力的经典案例进行分析，推进景观设计教学发展。

第一节 | 城市公园

城市公园承载着改善生态、休闲游憩、科普教育、防灾避险、组织政治文化活动等多重功能，是公众生活和城市功能不可或缺的重要内容。我国公园设计规范中定义公园是向公众开放，以游憩为主要功能，有较完善的设施，兼具生态、美化等作用的绿地。

一、城市公园概述

1. 相关研究综述

世界古典园林大多是皇家贵族和富商豪门的私有财产，是其地位与财富的象征。随着时代发展，城市平民也逐渐有了游憩空间，例如古希腊雅典的公共广场，通常有雕塑、长廊和用于宗教活动的场所，允许部分市民进行体育锻炼、政治演说及其他社会活动；古希腊体育场周围的绿地成为市民的游憩空间；古罗马的一些广场或墓园允许市民休憩；我国唐代西湖景区成为市民的乐土等。17世纪以后，欧洲许多皇家贵族的私园向市民开放，如伦敦的肯辛顿花园（Kensington Gardens）、格林公园（Green Park）、海德公园（Hyde Park）等。从私园到城市公园的转变，主要是为了改善19世纪工业化、城市化所造成的自然环境破坏、城市过度拥挤以及各种城市病等带来的负面影响，社会改良者尝试通过修建公园，给公众以休闲的空间与权利，为公众提供向往人文与自然景观结合的生活环境。

城市公园正式诞生于19世纪中期的英国。利物浦市于1843年运用税收建造了免费向市民开放的伯肯海德公园（Birkenhead Park），体现了将“失去”的田园还给城市的理念。该公园拥有道路、花园、果园、泉水和湖泊等，市民在公园中休闲运动，身心愉悦。此间，为改善城市人居环境，造园运动在世界各地蓬勃展开。法国、德国等陆续建设城市公园。美国开展了城市美化运动、城市公园运动，1851年通过了世界第一个《公园法》，1858年建成第一个城市公园——纽约中央公园，代表人物奥姆斯特德提出自然风景思想和公园系统论。19世纪后期至20世纪中期，芒福德的城市区域论促进了美国开展大规模的自然生态园运动。20世纪后期，美国公园系统不断完善，逐渐演变成城市绿色开放空间系统，包括国家公园和保护区、大规模绿道建设、未充分利用或废弃的土地转化成公园或游憩地等。我国最早的城市公园出现是在鸦片战争后的租借区，如上海的公共花园，中华人民共和国成立后才出现新型城市公园。当今公园设计更注重公共性、开放性、可达性、生态性和智慧性，力求满足各类人群的休闲需求，并为改善城市环境、促进社会凝聚力作出贡献。

2. 公园分类标准及公园体系

各国有不同的公园分类标准及公园体系。美国城市公园分类标准主要参照国家游憩和公园协会（简称NRPA）制定的指南（*Park, Recreation, Open Space and Greenway Guidelines*）（MERTES J D and HALL J R.，1995），各地以指南为基础根据实际情况制定各自的城市公园分类标准。NRPA指南的核心参照是服务水平标准和对应的公园面积，同时兼顾使用目的。NRPA 指南建议一个城市公园系统包括平均每千人至少要拥有2.53~4.25公顷较完善的各类公园，包括迷你公园（口袋公园）、邻里公园、社区公园、区域公园、专类公园、学校公园、自然保护区、绿道或公园路以及私家公园。其中前四类公园是NRPA指南的核心类型，也是城市公园系统的构成主体以及城市公园和游憩空间专项规划的重点。美国已经拥有较成熟的公园体系及规划管理经验，形成了不同服务尺度的4层级公园体系，即城市公园、国家公园、都会区公园和州立公园。

我国《城市绿地分类标准》（CJJ/T 85—2017）将绿地分为5大类，即G1公园绿地、G2防护绿地、G3广场用地、G4附属绿地、G5区域绿地。G1公园绿地分为4类：综合公园、社区公园、游园和专类公园，其中：

专类公园再分为5小类：植物园、历史名园、遗址公园、游乐公园、其他专类公园。

其他专类公园包括：儿童公园、体育健身公园、滨水公园、纪念性公园、雕塑公园以及位于城市建设用地内的风景名胜公园、城市湿地公园和森林公园等。

G5区域绿地主要是城市建设用地之外的风景游憩绿地，包括风景名胜区、森林公园、湿地公园、郊野公园，以及野生动植物园、遗址公园、地质公园等。

近年来我国各地大力推进各类公园建设包括国家公园，构建了以综合公园、社区公园为基础，专类公园为特色，游园、口袋公园、小微绿地、郊野公园等为补充的城市公园体系，逐步实现居民出行“300米见绿、500米见园”的目标。

二、案例1——颐和园

颐和园是以万寿山、昆明湖为主体的大型天然山水园，是清代皇家园林三山五园的构景中心。1998年颐和园被联合国教科文组织列入《世界遗产名录》。乾隆十五年（1750年）因对京城瓮山泊疏浚改造以及为崇庆皇太后祝寿而兴建清漪园，面积约290公顷，水体约占3/4，瓮山改名万寿山、瓮山泊改名昆明湖。1860年清漪园被英法联军焚毁，1886年光绪重建改称颐和园。1900年遭“八国联军”破坏，翌年修复。中华人民共和国成立后，政府多次拨专款修整，后开放成为城市公园。

1. 总体布局

清漪园总体规划以杭州西湖为蓝本。《北京志·世界文化遗产卷·颐和园志》中将颐和园分成三个区域，分别以仁寿殿（清漪园时名勤政殿，光绪重建时，取《论语》中“仁者寿”之意，改名仁寿殿）为核心的临朝理政区；以玉澜堂、乐寿堂为主体的生活居住区；由万寿山和昆明湖等组成的山水风景区。万寿山东西长约1千米，高于地面约60米，昆明湖南北长约1 930米，东西最宽处约1 600米，湖中西堤贯穿南北，湖中有三大岛——南湖岛、藻鉴堂、治镜阁和三小岛——小西泠、知春亭、凤凰墩。万寿山的前山平缓舒展，面对浩瀚的昆明湖，景色开阔。后山峰回路转，山脚下后溪河蜿蜒曲折、幽静。各式建筑因地制宜、次第分布于山水框架之中，既有皇家园林的恢宏，又充满了天然之趣，高度体现出中国园林“虽由人作、宛自天开”的造园准则。

2. 景观要素分析

（1）山水地形。

颐和园山水环抱的格局是基于对自然地形进行清淤、拓湖、留岛、培山、绿化等逐步改造而成的。乾隆帝依据“面水背山地，明湖仿浙西。琳琅三竺宇，花柳六桥堤”的愿景，结合养源清流，梳理香山、玉泉山一带泉脉水道，拓展西湖为调节水库，疏浚了连接玉泉山与昆明湖的玉河、连接昆明湖与北京城的长河。昆明湖与万寿山建构了中轴线，山水平衡稳重。根据风水论“盖地以得水为上，而水以凝静为佳”，昆明湖的水体就是清澈凝静的上佳水。湖岸东扩，岸线曲柔变化，形成了著名的“吉水”格局——葫芦格即富贵寿格局“葫芦水注，千年难遇，富贵绵长。”和乾隆帝为母祝寿的中心暗合。西堤将湖面分隔为三部分，主次分明，湖中堆岛，形成“一池三山”的经典格局。细察全园，山水交融、虚实相生、和谐自然（图8–1）。

图8-1　颐和园水系及山水范式

（2）建构/筑物。

颐和园的建筑主要集中在临朝理政区、生活居住区和万寿山上。临朝理政区的仁寿殿建筑坐西向东，建于汉白玉石基上，规模宏伟，风格典雅，平面为方形，寓意天地和谐，面阔七间，进深五间，周围有廊，两侧有南北配殿（图8–2）。

图8-2　颐和园仁寿殿

佛香阁景区建筑形式最丰富。从临水的云辉玉宇牌坊至排云门、排云殿、德辉殿、佛香阁、众香界、智慧海，层层升高，气势巍峨，辉煌富丽与自然典雅相融合，形成独有的皇家气派。佛香阁南望开阔的昆明湖及沿岸景点；西望有画中游建筑群、宝云阁、听鹂馆、清晏舫、西堤等；东望转轮藏、景福阁、乐寿堂等；北望四大部洲、多宝塔等。佛香阁景区统领全园（图8–3、图8–4）。

图8-3　颐和园中轴线——佛香阁建筑群

图8-4　画中游建筑群及昆明湖东堤廓如亭

颐和园长廊东起邀月门，西至石丈亭，长728米，共273间，以排云殿、佛香阁建筑群为中轴向东西对称展开。依山临水的长廊上建有四座八角重檐亭和鱼藻轩、对鸥舫两水榭等。枋梁绘有人物、山水、花鸟等彩画（图8-5）。

颐和园中现存景桥33座，如著名的十七孔桥、玉带桥、知春桥等。大多始建于乾隆年间，光绪时重建。景桥造型体量依据不同的区域和景致而异。景桥造型主要有拱桥、平桥、亭桥，以石材为主，有的结合木材和铁材（图8-6）。

图8-5　长廊及留佳、寄澜、秋水、清遥四座八角重檐亭之秋水亭

图8-6　玉带桥、豳（bīn）风桥

（3）植物。

颐和园植物及配置情况可分为乾隆、光绪至民国、新中国成立至今三个阶段。乾隆时期乔木以松、柏、桃、柳为主，并用了大量象征手法。万寿山前地被以二月兰、紫花地丁、菊科及禾本科杂草为主，后山广布蕨类及各类阴生植物。光绪至民国时期对园内植物做了少许调整补植。中华人民共和国成立后，政府注重对颐和园生态保护，在原有基础上进行大规模绿化，丰富植物种类，完善植物布局。1983年，颐和园南园墙内首次栽植地被，当时以羊胡草和野牛草为主。从1991年开始3年内，对颐和

园进行较大规模栽植、补植地被植物，以人工混播方式在仁寿殿、万寿山前后山坡、苏州街及西区进行定植，古树保护和修补，根据景观的不同需求对大型乔木进行整形修剪等。植物配置尽显颐和园自然景观风貌（图8–7）。

图8–7　颐和园西堤、宿云檐城关东侧道路以及谐趣园中的春季植物景观

（4）铺地。

颐和园铺地总体形式追求礼制和园林意境，分为甬路铺地、海墁铺地和装饰铺地等。甬路铺地又分为砖墁甬路和雕花甬路两种。装饰铺地主要分为鹅卵石铺地和冰裂

纹铺地两种。铺地材料主要有汉白玉、青石板、青石砖、鹅卵石、瓦片等。《颐和园志》中记载仁寿门到仁寿殿汉白玉铺地，细腻坚硬、莹润光泽，两侧青石衬托，呈现皇家园林的庄严、雍容大气。生活居住区铺筑浅灰色青石砖，纹样设计自然朴实、整体感强。山水风景区主路以青石板为主，重点区域铺地注重雕花纹样展示，多福寿主题，用牡丹、菊花、梅花、寿桃连枝来寓意血脉连绵不绝，福寿延年，用“寿”字铺地，增强观赏性（图8-8至图8-10）。

图8-8　颐和园仁寿殿甬路铺装

图8-9　东堤铺装

图8-10　颐和园后山铺装和谐趣园中铺装

（5）室外主要文物。

颐和园内遗存有大量石质和铜质文物。石质文物分为摩崖石刻、石雕动物、石雕护栏、石质器物座等，例如后山四大部洲的石狮等。铜质文物如仁寿殿前的铜铸异兽；龙头、狮尾、鹿角、牛蹄、遍体鳞甲，造型为传说中的瑞兽麒麟；乐寿堂前的铜龙铜凤。帝后举办朝会时点燃檀香用，象征帝后权威（图8-11、图8-12）。

（6）园中园——谐趣园。

谐趣园始建于乾隆十六年（1751），原名惠山园。乾隆帝南巡时对无锡惠山寄畅园非常欣赏，令宫廷画师临摹绘图；返京后在万寿山东面仿建惠山园。地貌、环境均似

图8-11　铜铸异兽和铜龙铜凤

图8-12　颐和园西门铜狮子

寄畅园址，地势低洼，借景万寿山。环境幽深，富山林野趣。建筑疏朗，以山水林木之美取胜。全园以水为中心，建筑、植物、假山环绕四周，精巧体宜，相互掩映。可谓“一亭一径，足谐其趣”。西北部由后湖引流形成瀑布，溪流经青石叠山的峡谷，汇入园中，有小桥将溪流分段，最终扩为一湾池水。东南部由知鱼桥分割水面。各水面形态、大小各异，聚散结合，层次丰富。

嘉庆十六年（1811）对惠山园进行了大规模改造，加建庞大的涵远堂，面阔五间，两侧延展长廊。“以物外之静趣，谐寸田之中和，故名谐趣，乃寄畅之意也。”遂改名为谐趣园。光绪十八年（1892）重建后的谐趣园，大体为如今的面貌。加建知春亭、水榭引镜，环湖以曲尺形和弧形游廊围合。建筑密度增大，封闭性增强，人工气氛浓厚。但两条轴线将建筑有机组织在一起，秩序井然。主轴线由涵远堂至饮绿亭对景控制，次轴线由园门至洗秋轩对景控制，其他建筑因地制宜而建，形式丰富，自由活泼，意趣随生（图8-13、图8-14）。

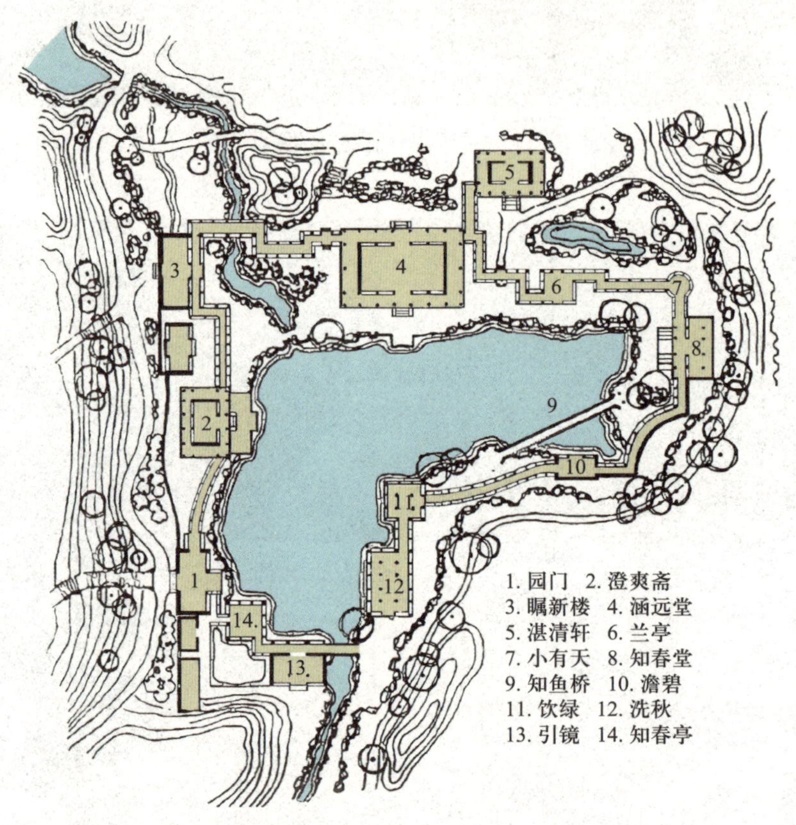

图8-13 谐趣园平面图；布局起承转合，水景延而为溪，聚而为池，建筑和绿化掩映曲折的池岸

图8-14　谐趣园主要建筑景点：涵远堂，小有天，知鱼桥，引绿洗秋

三、案例2——美国纽约中央公园

美国纽约中央公园（Central Park）位于曼哈顿岛中心，1858—1873年修建。被称为纽约后花园、城市绿肺。19世纪40年代美国景观设计之父唐宁（Andrew Jackson Downing）曾说纽约市需要一个与这座城市相配的大公园；《纽约先驱报》创始人贝内特（James Gordon Bennett）将公园比作肺："岛上没有肺"。1853年，纽约政府征地组织设计竞赛，深受唐宁影响的沃克斯（Calvert Vaux）和奥姆斯特德（Frederick Law Olmsted）的公园方案胜出，建成了美国历史上第一个城市公园。公园绿地展现为公共开放空间，遍植数百万株植物，为城市生成自然景观，为市民提供了远离城市喧嚣的场所，还提升了周围房地产价值，使城市充满生机与活力。公园历久弥新，是研究美国城市、景观发展史的重要案例。

1. 总体布局

公园呈狭长形，由西南向东北展开，长约4千米、宽约0.8千米，长跨51个街区。公园周边有博物馆、表演艺术中心、帝国大厦、联合国总部、纽约华尔街、大学等著名景点和科教文化用地。公园借鉴英国"自然风景园"形式，弱化轴线[①]，将交通系统、原有地形地貌、游览路线、水体、绿化、建筑等综合布局。公园长边提供了多个入口与周边交流，提升了周边用地的经济效益。为防止阻断城市东西向交通，专门设计了四条横贯公园的道路连通外部空间，利用地形高差形成立交，与公园内部交通系统隔离。公园内部采用环园大道+人马车分流系统。环园大道长10千米，最初为马车使用，现主要用于慢跑、散步等活动。公园基础设施和穿越性交通做了隐藏式设计，降低互相之间的干扰。

---

① 塞萨·洛达纳·塔普林，苏珊·舍尔德.城市公园反思——公共空间与文化差异［M］. 魏泽崧，汪霞，李红昌，译.北京：中国建筑工业出版社，2013.

2. 景观要素分析

（1）地形与铺地。

原地面高低起伏、岩石裸露、沼泽遍布，中部有水库。设计师延续原自然地理特征，保留很多岩石，将一些沼泽适当扩充为水面。公园中有较大尺度的混凝土地面和中小尺度的砖石铺地，分别用于园区主路、景观节点和次要道路，自然铺地主要是草地、沙地以及岩石等，吸引游客逗留以及进行娱乐活动（图8-15）。

图8-15　纽约中央公园的自然地形

（2）水景。

公园水景形式丰富，既有广阔的水库、湖泊，也有蜿蜒的小溪、寂静的池塘、杂草丛生的沼泽和规则式水池喷泉。天鹅湖于1873年建成，纪念内战死于海中的战士。湖中常有成群天鹅悠游其间，游客可划船。保护水域（Conservatory Water）以“模型船池塘”闻名，是出版家乔治（George Delacorte）为纪念爱妻而建（图8-16、图8-17）。

（3）植物。

公园在营建的过程中坚持可持续发展思想，注重生态性与植物的自我恢复性。公园广泛选用乔灌和地被植物，强调丰富的季相变化。大片密植区域以常绿树为主，乔

图8-16 毕士达喷泉湖泊+水池喷泉+对岸植物景观

图8-17 小型水景

灌结合；注意植物林冠线和林缘线自然起伏变化；同时注意远中近景的结合。公园强调植物培育和植物保护，疏伐更新树林，保养古稀树种，恢复原有物种，引种驯化，栽培观花植物，保留野花，养护大片草地，封闭自然保护区。主要植物有北美鹅掌楸（Liriodendron tulipifera）、悬铃木（Platanus acerifolia）、栎树（Quercus spp.）鸡爪槭（Acer palmatum）等（图8-18）。

（4）其他主要景点。

其他主要景点有：动物园（Center Parcs Zoo）有小型动物表演，能吸引各年龄段的游客驻足观赏；绵羊草原（Sheep Meadow）供人们野餐与享受日光浴；拉斯科

图8-18 中央公园春夏季植物景观

溜冰场（Lasker Rink）秋冬季成为游客冰上活动的理想之地；草莓园（Strawberry Fields）是英格兰音乐家约翰·列侬遗孀为纪念其夫于1980年12月遇刺，出资修缮这个泪滴状区域，每年列侬遇害日，全世界的“披头士”歌迷聚此纪念；戴拉寇特剧院（Delacorte Theater）每年夏天由约瑟派普（Josph Papp）剧团免费演出莎士比亚戏剧；眺望台城堡（Belvedere Castle）内有“发现室”为游客提供园内野生动物相关信息，1919年起城堡被用作美国气象中心。另外，还有运动场、游戏场、景观桥等。公园最大限度地满足游人的多种需求（图8-19）。

图8-19　中央公园其他主要景点

第二节 | （城市）广场

《中国大百科全书》(2021) 定义广场："由建筑物、道路或绿化地带围绕而成的开敞空间，是城市公众社会生活的中心，集中反映城市历史文化和艺术面貌的公共空间"。《城市规划原理》(2001) 定义广场是应城市功能的要求而设置的居民社会活动的中心，广场上可进行集会、交通集散、居民游览休憩、商业服务及文化宣传等。日本学者卢原义信在《街道的美学》中认为广场是由各类建筑围成的城市空间。简言之，广场是城市空间环境中最具公共性、最富有艺术魅力、最能反映城市历史文化特征的开放空间，是"城市客厅"。

一、城市广场概述

1. 相关研究综述

城市广场是外部公共空间，反映着一种特定的生活方式和传统。地中海地区良好的气候条件为市民户外活动提供了支持。古希腊集市广场（Agora）是真正意义上的广场，有建筑物围合而成的空阔场地或较宽阔的街道，周围设有柱廊、神庙等公共建筑，市民在此参加庆典或祭祀等聚集活动；之后逐渐演变为城市公共生活中心，并与神庙一起控制着城市形象，人们在此进行社交、辩论、演说、集会、体育、节庆等活动。古罗马把广场称为"露天客厅"，每个城市中都有广场，如罗马的圣彼得广场、威尼斯圣马可广场、佛罗伦萨的西诺拉与乌菲茨广场等，人们在此举行节日庆典、游览散步、约会购物，洋溢着温馨浪漫的情调。不同广场空间通过道路、建筑等连接构成大小与开合变化丰富的空间序列。中世纪广场成为整个城市最为活跃而富有魅力的地方，市政厅、教堂、集市广场总是相依为伴。文艺复兴时期广场注重和谐、均衡、韵律和比例的美学法则，透视原理用于设计，多个广场或广场群共存于城市中，每个广场特色鲜明，丰富了城市的公共空间。

第二次世界大战前，学者们从空间形态的物质层面探讨公共活动空间与人的关系。第二次世界大战后，城市广场的研究从空间上升到对社会问题的思考。凯文·林奇认为广场应选在高度城市化区域的核心部位，通过吸引人群和便于聚会的要素有意识地将广场设计为活动焦点。日本建筑师芦原义信在《街道的美学》中写道：广场在空间构成上应边界清楚、空间领域明确，与环境统一协调，宽高比例良好，以便使人感受到空间之美。美国学者马库斯（Glare Cooper Marcus）和弗朗西斯（Carolyn Francis）合著《人性场所》提出广场是一个可漫步、闲坐、用餐或观察周围世界的户外公共空间，有自我领域的空间。20世纪70年代建筑学界开始关注场所精神，如挪威建筑学家诺伯舒兹《场所精神——迈向建筑现象学》强调环境意义和场所的人文关怀。

我国古代的公共生活以街市为中心展开。真正意义上的城市广场是外来入侵者植入的，如日据时期长春市建造的车站前广场和一系列交通广场、大连沙俄时期尼古拉广场（今中山广场）、哈尔滨圣索菲亚大教堂前广场等。中华人民共和国成立后的一段时期，我国广场设计受苏联影响较大，建设大型集会或纪念性广场例如天安门广场。改革开放后，我国城市广场研究借鉴国外成果，并结合国情，从注重空间形态转向空间+人性化研究，注重生态美学和植物造景，利用媒体艺术营造广场艺术氛围。目前，城市广场已成为城市公共生活不可或缺的场所。

随着时代的发展，广场设计更加注重功能复合多样化、空间多层次，重视继承地方特色、历史文脉和文化内涵，强调广场环境生态及综合效益，关注时空效应、人的体验、功能多元性，使广场更具生机和活力。

2. 广场分类

广场有多种分类方式。《城市规划原理》（2001）认为广场可以根据性质、平面组合和剖面进行分类。广场按性质可分为集会、纪念、商业、交通、娱乐休闲、建筑附属性广场等；按平面组合分为单一形态广场和复合广场；按剖面形式分为平面型、立体型、上升式、下沉式广场等。广场还可按主要功能、用途及在城市交通系统中的位置进行分类。日本建筑设计丛书《公园内设施》将广场分为装饰、纪念、休息、游戏、交通、市场和典礼广场等形式。还有其他分类方式，例如按广场在城市规划结构中的地位，分为市级、区级、社区级城市广场等。在城市中存在着一些以不同功能和特色吸引人流的场所或区域，被称为“吸引点”，其中就包含城市广场。这些吸引点彼此之间形成一种“引力场”和“人流活动趋势”，通过城市交通体系相互联系，例如北京天安门广场，四方游人慕名而来。

二、案例1——北京市海淀区中关村广场

中关村广场位于北京市海淀区核心地段，地理位置优越，北临海淀东一街，东临中关村大街，周边汇集教育科研等知名产业用地。地下有购物中心，于2003年底建成，满足人们休闲娱乐、商业活动及穿行等需求。

1. 总体布局

中关村广场采用规整的绿网布局，通过西北角圆形核心场地，由西北至东南呈楔形延伸形成中轴线控制全广场。广场的东南部为游人主要活动区域，面向中关村大街的开口宽达190米，方便人群进入。广场空间开敞、领域性强。中轴线上设置了DNA双螺旋雕塑，成为景观焦点，高科技内涵增强了广场的可识别性及特色。广场规划注重绿地、游憩场地、步行街等公共空间的有机融合（图8-20）。

图8-20　中关村广场轴线景观序列，“生命”雕塑为广场核心

2. 景观要素分析

（1）地形与铺地。

广场由东南向西北延伸，地势不断升高，前后形成一层平台、过渡区、二层平台。二层平台视野开阔，突出广场的空间感和垂直层次。广场大部分区域采用硬质铺装，人行道主要采用砖铺砌，部分人行道用木质铺装（图8-21至图8-23）。

（2）水景。

水景位于广场中轴线上。前后设有三个形状大小不同的音乐喷水池，错落于层高不同的位置上，水池结合跌水和喷泉形成动静结合的前后呼应的水景序列，为广场增加了空间层次感，并使广场更有生机和活力（图8-24）。

（3）植物。

广场绿地面积较大且布局连续，整体感强。树阵广场绿荫浓密，采用乔木+绿篱模式美化空间，成为人们夏季户外休闲理想场所。小乔木+灌木+地被模式布置于场地周围。常绿乔木有油松、白皮松、龙柏等；落叶乔木有银杏、毛白杨、旱柳、玉兰、海棠花等；常绿灌木有沙地柏、大叶黄杨、小叶黄杨等；落叶灌木有金银木、锦带花、黄刺玫、现代月季、玫瑰、小叶女贞等；草坪及地被植物有野牛草、早熟禾、玉簪、二月兰、马蔺等（图8-25）。

图8-21　广场二层平台设置跌水喷泉水池

图8-22　广场二层平台南部绿地中场地及台阶铺装

图8-23　广场西南侧无障碍坡道直接连通一、二层平台，坡道设有扶手与盲道

图8-24　广场一二层之间过渡平台跌水喷泉水池，广场二层平台喷泉水池及近端的跌水水池

图8-25　广场一层树阵植物景观及二层南部植物景观

（4）主要小品及设施。

广场的标志景点——DNA双螺旋结构雕塑《生命》与周围的中关村E世界、新中关等新地标相互映衬。从基座到顶端约有十米高，金黄色熠熠发光，是中关村创新精神的象征（图8-20）。广场的基础设施较为完备，包括休息、照明和无障碍设施、垃圾箱、标识系统等，还增设了篮球场。种植池的边沿为主要座椅形式，还有少数独立设置的座椅，材质有石材、木材和金属等（图8-26）。照明设施种类多，数量足，包括路灯、地面射灯和树上的彩灯。

图8-26　广场座椅和篮球架

三、案例2——意大利罗马西班牙广场

西班牙广场（Plaza de Espana）位于罗马市中心偏北著名的文化区内。建于1670—1723年，由西班牙建筑师桑蒂斯（Francesco De Sanctis）、斯佩基（Alessandro Specchi）设计，因其西南角有西班牙驻梵蒂冈大使馆而得名。

1. 总体布局

广场依山而建，平面主体呈花瓶形，东西向轴线，主要景观依次为圣三山教堂（Trinita dei Monti）、西班牙大台阶、破船喷泉。教堂位于山顶，两钟楼对称矗立在教堂正门之上，高大宏伟；层层叠叠的西班牙大台阶宛如瀑布直泻而下，汇入广场下端的破船喷泉。石阶分三段被称为“三位一体山石阶”。“三”在基督教中象征着圣父、圣子、圣灵。广场为人们提供了休闲聚集的场所（图8-27）。

图8-27　西班牙阶梯

2. 景观要素

（1）地形与铺地。

西班牙广场由西向东分平地、大台阶、平台三部分。大台阶分3组，两侧的弧形

台阶将各平台连接起来，广场平面如同一只花瓶，形成动人的曲线，台阶宽窄的变化，踏步分合组织，形成缓急张弛的韵律，表现出灵活自由的巴洛克设计手法。广场内铺地以深浅色搭配，深色石材主要用于广场平地和平台，浅色石材主要用于台阶。人们在大台阶上自由漫步、欣赏广场美景。

（2）水景。

广场底部设椭圆形水池，内嵌下沉式船形水池喷泉（Barcaccia Fountain）。水景由著名雕刻家贝尔尼尼（Pietro Bernini）精心设计，于1627年完工，船外侧刻有教皇乌尔班三世贵族巴贝里尼家族、蜜蜂和太阳的标志。设计再现了传说中洪水泛滥时的小船随波逐流的景况。船浮于低水位的水池中，从船尾和船头流出少量饮用水，象征从小船的破洞中汩汩流水，游客可以对着泉眼吮吸。这里曾是电影《罗马假日》的拍摄地，展现欢乐、热闹和富有浪漫情调的氛围（图8-28）。

图8-28　丑船喷泉

（3）植物。

广场内部植物较少，配置简单，广场边缘以常绿植物为主，与周边建筑空间相连，主要由棕榈树、柏树、黄杨构成；大红色、粉红色和鹅黄色的杜鹃花点缀着大台阶。

第三节 | 居住区景观

一、居住区景观概述

居住区是被城市道路或自然分界线所围合，并与居住人口规模相对应，配建有一套能满足该区居民基本的物质与文化生活所需的公共服务设施的居住生活聚居地。居住区景观设计包括绿色公共空间布局和景观设施的安排，为居民日常休闲娱乐、健身、交往活动提供优美、舒适、健康的居住景观环境。

1. 相关研究综述

国外的居住区景观设计研究最早开始于英国工业革命时期。环境恶化引起政府和人民的关注，政府制定了“住宅与城市规划法”（*Housing&Town Planning Act 1909*）。第二次世界大战后，日本主要借鉴英国的居住区规划理论和手法，于20世纪60年代末期，制定了改善居住环境的方针政策，即安全、卫生、方便、舒适。苏联研究将居住环境设计称为住宅生态学，期望住区人与外部空间的关系达到生态平衡，创造一个安全、舒适、优美的环境。

20世纪60年代后期，研究趋向旧城区改造与复兴，或进行局部的、范围较小的住宅群组的建设。一些发达国家提出：注重生态环境以及人与建筑、环境三者的相互关系，并着手研究人的生理、心理需求以及人的行为需求，以满足各个社会阶层、不同居民的需要。例如奥斯卡·纽曼（Oscar Newman）《防御空间》、扬·盖尔（Jan Gehl）《交往与空间》、简·雅各布（Jane Jacobs）《美国大城市的生与死》，主张为人们提供安全丰富的活动空间环境。

20世纪70年代以来，西方发达国家发起了环境行为研究，针对“邻里、社区”等专题探讨居住区人文景观，如米勒·F·D（Miller F, D）《市区住户的邻里满意度》（*Neighborhood Satisfaction among Urban Dwellers*，1980），科比特·M（Corbet M）《更好的居住场所：明日社区新设计》（*A Better Place to Live: New Designs for Tomorrow's Communities*，1981）等。此外，约翰·O·西蒙兹（John Ormsbee Simonds）《景观设计学》描述了自然和人造景观的形式特征，为创造更舒适的城市生活环境提供了指导。后工业社会中复杂的城市问题促使居住区环境设计研究走向多元化，多学科的交叉综合。

2000年后，“可持续发展”设计越来越受重视，随之出现了LEED（*Leadership in Environmental Design*）等标准。居住区景观设计参考LEED标准，遵循场地可持续发展和生态环保理念，在设计与建设过程中运用新材料、新方法，通过科学合理地运用植物材料，降低热岛效应，合理拦蓄雨水资源。

2. 我国居住区景观设计发展概况

中华人民共和国成立以来，我国居住景观受到不同时期的社会、经济、文化、政治等因素的影响，其发展主要经历了三大发展阶段。

（1）满足居民最基本的生存需求：20世纪50年代，国家大规模建设"邻里单位"模式的"工人新村"；60年代，受苏联的影响建设"大街坊"住宅；80年代参照国际示范住宅小区的形式，形成由小区、组团、院落三级结构模式，强调绿化设计，以绿化覆盖率高低衡量居住区环境质量，并逐渐关注植物群落的生态化布局。

（2）满足现代居民生活的多种需求：20世纪八九十年代，我国城建体制改革要求居住景观的功能和质量与不断提升的生活水平相协调。景观设计出现了如功能化和个性化设计等新理念，注重构景方式，传承古典园林的艺术价值。从行为学视角出发，依据特定人群的特殊需求来确定空间的大小、铺装的质感、地面的高差等。

（3）满足人与自然的和谐共存：2001年由建设部住宅产业化促进中心研究编制的《绿色生态住宅小区建设要点与技术导则（试行）》对生态住区的构成以及设计标准等进行明确规定，使"以人为本"和"绿色生态"的理念成为居住区景观设计的基本原则，设计追求人与自然的和谐共存。

随着市场经济的快速发展，居住区景观设计日趋多元，景观风格主要形成两大类型：欧式风格与中式风格。21世纪初，异域风情的居住区景观泛滥，人们逐渐开始回归本民族文化传统审美，于是在居住区景观设计中融入更多中国传统文化元素，逐渐形成中式景观风格和新中式景观风格。新中式风格更注重本民族文化的回归，注重体现丰富多变的韵味空间，满足现代材料元素的需求。

二、案例1——北京恩济里小区

北京恩济里小区临恩济西街、六一学校，东临城市绿地，环境优美。1994年由北京市建筑设计院主持设计建成，小区荣获建设部城市试点小区优秀设计一等奖、全国城市住宅小区试点金牌。成为一个综合体现社会效益、经济效益和环境效益的新型小区典范，[①]为居民提供了安静、安全、舒适、优美和生活方便的小区环境。

1. 总体布局

小区总体规划体现了以人为本的理念。小区采用组团式布局，中心绿地为主要公共空间，建筑布局形成六组团错落布置，组团平面传承了北京传统四合院院落式的布局形式，全区形成半公共空间—组团公共空间—小区公共空间三个层次。组团内还有儿童游戏场、中心绿地。采用人车混行，蛇形主路、组团路及组团支路构成三级路网系统，形成大街小巷的格局，彰显韵律与节奏的美学法则，体现"顺而不穿，曲折有度"的造园手法（图8-29）。

---

① 叶谋兆.为实现小康居住水平而努力——北京恩济里小区规划设计实践，[J].建筑学报，1994（04）：8-13.

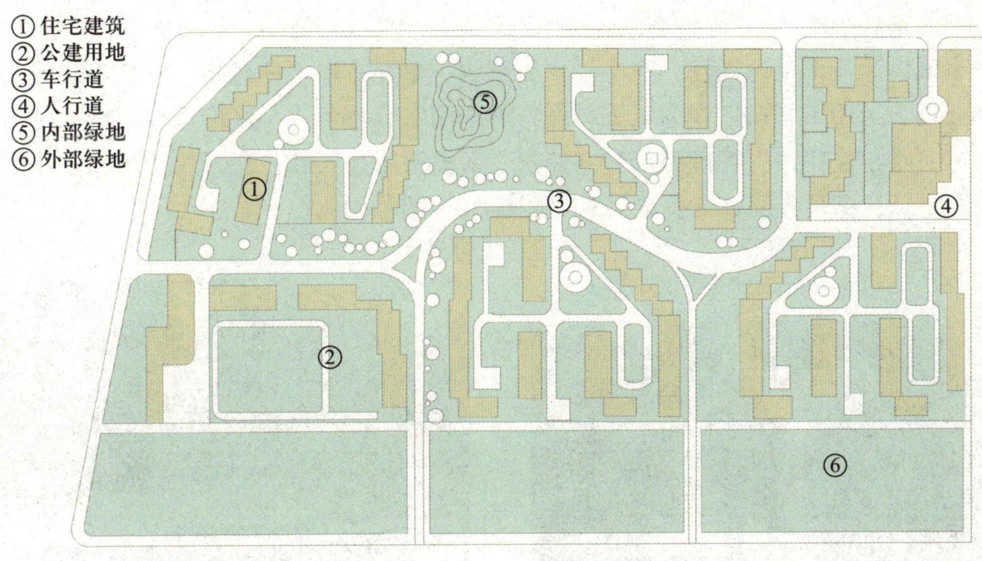

图8-29 小区总体布局（《恩济里：小区规划理论与实践》）

2. 景观要素分析

（1）地形与铺地。

小区内以平坦地形为主，公共空间及绿地中局部设计了微地形，结合坡道或台阶。在建筑入口和其他交叉口均有无障碍坡道设计，满足特殊人群的生活需求。小区的半地下式自行车停车屋顶铺以绿化和休憩设施，达到空间的多级利用。小区主干道采用两种铺地来应对人车混行的模式，各级路网也采用不同的砖石铺装区分。精心考虑活动场地的铺地图样及选材，既满足人们的使用功能，又考虑排水和渗水性能等，以及材质的色彩和质感，以增添趣味性和领域感。

（2）植物。

小区植物景观采用了点、线、面相结合的规划结构，形成小区中心绿地、组团中心绿地和宅间绿地三级结构，又通过路网绿化形成绿地系统。小区中心绿地最开阔，又靠近小区主入口，是适合全区人活动的共享花园。

绿地景观设计坚持平面绿化与垂直绿化相结合、小区自身绿化与借景相结合、常绿植物与落叶植物相结合、乔灌木草结合，并考虑季相变化。除道路和活动场地外，均铺设草皮，乔木以落叶树为主，如垂柳、毛白杨、槐树等，常绿树种穿插其中，做到四季有绿色。组团设计分别突出植物的花、香、果、绿四大特性，如玉兰、丁香、玫瑰、月季、海棠等。[①]小区内移步异景，情趣盎然。还考虑位于建筑窗前的树木，夏季生长茂盛可防晒，冬季树木落叶可透阳光。

---

① 北京市建筑设计研究院.恩济里——小区规划理论与实践［M］.北京：中国建筑工业出版社，1996.

（3）景观小品。

小区设计强调可识别性，在小区顶层窗洞、单元入口、休息亭、围栏等建筑小品细部处理上运用了三角形作为装饰母题，简约而富有特色。小区南入口由墙和碑组成标志物，小学文化站、管理处等公共建筑、太湖石对景石雕、花坛等，增强了小区的景观观赏性，满足人们日常生活需求（图8–30、图8–31）。

图8-30　小区中心绿地休息亭

图8-31　小区改建后的活动场地设施

三、案例2——陕西榆林曼哈顿小区

陕西榆林曼哈顿小区于2000年建成，地处陕西省榆林市开发区，临建业大道、榆溪大道、市委和多个政府单位，周边商业写字楼、住宅楼林立，北接百亩景观公园，区位优越，交通发达，教育、医疗服务配套齐全。

1. 总体布局

小区平面呈矩形，南北长500多米，东西长400多米。内有大小各类住宅22栋，高层环绕四周，中间为低层高档住宅，北侧有大片多层商铺和活动场馆。小区内配有标准化幼儿园。小区四周各一入口，东西为主要入口，设置有地下车库入口、消防通道以及人行出入口。车行道（消防道路）宽阔，两侧矗立高大的景观树。步行道与各宅前路连成路网，曲折有趣。其间穿插林间小道和可供停留赏景的场地。小区设有入口广场、中心广场、运动和休闲区以及大片绿地，小区绿化率达40%，树木茂盛，池水碧蓝，溪流潺潺，生机盎然。周边设有休闲凉亭。小区里还有健身器材、跑道、篮球场、羽毛球场等运动设施，方便居民健身运动。

2. 景观要素

（1）地形与铺地。

小区地形总体平坦，局部挖池堆山，山高2~4米，坡度平缓。小区铺地主要见于道路、广场、台阶。行车道采用混凝土路面，坚硬光滑、平整耐磨；林间步道用当地的毛面青石板铺筑，防滑耐磨，色泽淡雅，与环境协调；局部坡道用各色卵石铺装，镶嵌图案，富有文化气息，步道曲折回转，与树木相映成趣，宜于散步、赏景，陶冶性情。步道旁偶有小休息区。小广场均用石材图案化铺筑，简洁大方美观、富有趣味。广场铺装变化形成了领域感、节奏感和秩序感（图8-32）。

图8-32 小区广场与铺装

（2）水景。

小区在入口外广场设置雕塑喷泉，主水景位于小区中心，水池喷泉，连接潺潺流水。水池相依生态林，山坡树木茂盛，花团锦簇，鸟语花香，形成山水相依的景观意境。水景提升小区景观层次和品质（图8-33）。

图8-33 小区自然式水景

（3）植物。

小区景观植物配置因地制宜。注重空间功能性，通过植物配置创造动与静、公共与私密、开放与封闭等空间类型。注重景观艺术性，植物配置常绿与落叶、速生与慢生结合，考虑季相变化，结合立体绿化丰富景观层次；利用蜿蜒路线、林缘线、林冠线形成动态的韵律美。植物选择以塔松为基调，杂植槐树、旱柳、沙棘、紫叶小檗等乔灌木，局部点缀丰富多彩的草本植物，注意形态、高低、色彩等搭配，形成主次分明，变化统一，疏朗有序的艺术效果。注重生态性，植物配置以“群体美”为主，以“生态氧吧”为主题，营造“林密叶茂”的效果（图8-34）。

图8-34　小区植物配置

（4）建筑小品。

小区建筑小品较少，在西门入口外有喷水雕塑，石材装饰，庄重典雅。设有多处廊架，便于观景和休憩。多处开敞的草坪上摆放动物雕塑，营造活泼的环境氛围。小区设置了各式的灯具、座椅、小桥，造型古朴典雅（图8-35）。

图8-35　小区花架与花坛

第四节 | 纪念性景观

纪念性景观是以纪念为目的，能够引发人类群体性联想和回忆的景观，以及具有历史价值或文化遗迹价值的物质性抽象景观。[①]通常，纪念性景观在其建立之前或建成之初就具有纪念性的用意。[②]纪念景观还可归纳为具象和抽象两类。

一、纪念性景观概述

1. 相关研究综述

国外学者最早研究纪念性空间，主要聚焦于纪念物、纪念建筑，之后逐渐扩展到纪念性景观。李格尔（Alois Riegl 1903）在《纪念碑的现代崇拜：它的性质和起源》中最早对“纪念性”进行了学术性阐释，并依据纪念性价值对纪念物进行分类研究。吉迪恩（Sigfried Giedion 1943）在《纪念性九要点》中分析了纪念性存于建筑空间场所的价值。路易斯·康（Louis.I.Kahn 1944）在《新建筑和城市》上发表《纪念性》文章，探讨纪念性产生的根源以及如何建立建筑纪念性。芒福德（Mumford.L. 1949）《纪念碑主义、象征主义和风格》解读了纪念和象征意义。舒尔茨（Norberg.Schulz 1984）从建筑现象学视角提到无论是风土还是纪念性建筑，都应该被赋予场所情感与特性。不少学者将纪念性景观与地理学结合研究，奥尔德曼（Derek H.Alderman2008）《纪念景观：分析问题和隐喻》中以地理学视角研究了纪念性景观的三个核心概念和“表现”的隐喻来解读纪念景观，重点介绍了美国公共纪念景观及其文化意涵。

我国从20世纪80年代开始出现相关的理论著作。21世纪后，研究视角从“纪念性建筑”转向更宽泛的“纪念性景观”。刘滨谊（2004）从多视角探讨纪念性景观设计的要点包括产生渊源、设计原则、手法及空间尺度。李开然（2005）运用符号学方法解读纪念性景观，明确了“景观纪念”的内涵，提出“景观的纪念属性”。赵海翔（2011）探讨了纪念性空间新的表现形式、传播方式、营造手法。张红卫（2018）分析了纪念性景观的文化属性和不同文化形态，探讨了其文化价值及特征。

2. 发展历程

旧石器时代中期。人类对很多自然现象只能用“神明”的存在来解释，产生了自然崇拜，出现了一些早期的纪念性景观雏形。如英国的卡尼克史前巨石阵列。这时期人们习惯把生死哀乐和对神明的敬畏刻画在石头上、兽骨上，出现了近似图腾，充满神秘色彩的景观。这些表达了人类对生存的记忆和对未知的幻想。

---

① 李开然.纪念性景观的涵义［J］.风景园林，2008（04）：46.

② 刘滨谊. 纪念性景观与旅游规划设计［M］.南京：东南大学出版社，2005.

奴隶社会后期和封建社会。奴隶主及封建帝王凭借对权力及金钱、最好的工匠、材料、技术的掌控，建造了纪念君主、权贵及其功绩的纪念性建筑，中轴线对称、大体量表现崇高、伟大、永恒。例如泰姬·玛哈尔陵、巴黎凯旋门等。

工业革命时期。随着工业化和城市化进程，纪念性景观形式受到了新材料、新技术、古典美学、机器美学和抽象表现主义的综合影响，但核心还是强调纪念意义。

第二次世界大战后期。人们意识到应寻求人性化，为平凡而伟大的人设计纪念性景观，纪念对象趋于广泛，产生了许多纪念战争与战争中的伟人的纪念性景观，如华盛顿越战纪念碑、侵华日军南京大屠杀遇难同胞纪念馆等。近些年，纪念性景观在设计理念、内容与形式、设计思路和手法上均有所进步，例如我国纪念中国革命的红色文化纪念景观、纪念宏伟的南水北调工程和努力奋斗精神的纪念景观等。

3. 分类

纪念性景观目前有多种分类讨论。张红卫、王向荣（2010、2004）、赵洁（2011）、李开然（2008）等提出可依据形成机理将纪念性景观分为4类：①主动性初次承载型纪念性景观如陵墓；②被动性初次承载型纪念性景观如名人故居、文化遗址；③主动性二次承载型纪念性景观如纪念碑、纪念园；④被动性二次承载型纪念性景观，有纪念意义的图式应用，例如中轴线、集中式构图形成的纪念性。

二、案例1——北京皇城根遗址公园

公园2001年建于北京市东城区明清“东皇城根”遗址之上的开放式线性公园，以“绿色、人文”为主题，以展示城垣遗址为特色。最北端复建25米长的城墙是公园标志性景点，立面刷红，顶盖金黄琉璃瓦。皇城根遗址公园具有历史与现代结合的空间视觉感受。

1. 总体布局

公园总体布局呈带状，南北约2.4千米，东西约29米，西邻南北河沿大街，东依晨光街，南起东长安街，北至平安大街。公园以围栏或灌木与街道分隔，空间界限清晰，尺度宜人。内部植被丰茂，乔灌、草坪和花圃组成绿地系统。根据历史遗存分布和景观功能，公园从北至南布置一级景点4个，二级景点7个，季节性景点4个，各景点串联成节奏丰富的空间序列（图8-36、图8-37）。

2. 景观要素分析

（1）地形与铺地。

公园地势东高西低，地形变化主要集中在三个景点：①御泉夏爽叠水瀑布，高于外部人行道约1.5米；②东安门景点以下沉广场展示皇城遗址；③南入口金石漱玉下沉广场布置巨型石雕《金石图》及溪水池，展示皇城根的过去与将来。公园铺地中，道路用灰色砖石或鹅卵石，广场用灰色正方形花岗岩石材（图8-38）。

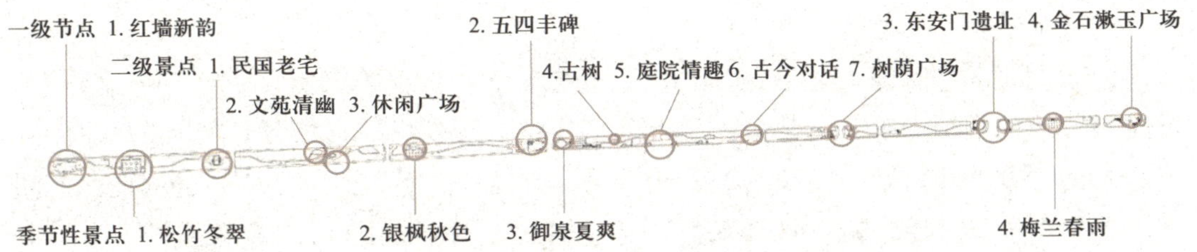

图8-36　皇城根遗址公园空间节点序列图

图8-37　一级景点4个：红墙新韵、五四丰碑、东安门遗址、金石漱玉广场

图8-38　道路广场铺地

（2）水景。

公园设置的水景象征原有的御河。沿公园长边点线结合设计了溪水、叠水瀑布、喷泉等长达几百米的水景。其中，叠水瀑布的衬底是多幅斜坡式山水及北京皇家园林等题材的写意浮雕，展示连续景观，无水时具有独特的观赏性。南入口处的西侧有溪水和小型喷泉，广场内的“曲水流觞”成为景观亮点（图8–39）。

图8–39　御泉夏爽水景

（3）植物。

全园植物配置注重本土特色、四季变化、生态效益。乔灌草种类繁多，绿化率高达90%。园内基调树种主要有银杏、油松、元宝枫、国槐、玉兰、紫叶李等，四季有景，可在较长时期内维持良好的景观效果。配置方式有孤植、列植、群植等，还有剪型植物、绿篱、草地、花坛等（图8–40）。

（4）其他主要景点。

金石图为公园的标志雕塑（图8–41），建在南入口处。花岗石镂空透雕清皇城地图，高5米，反映北京传统的文化底蕴和皇城风范。《东华旧景图》花岗石雕刻，描绘了东华门周边街道、住宅、庙宇及皇城的建筑布局。《京华秋韵似锦图》花岗石雕刻，表现东华门周边的自然环境和人文景观，北京的历史和风土人情。《东城名胜系列》

图8-40　春季植物景观

图8-41　金石图

浮雕以表现王府井一条街、雍和宫、古观象台、东堂、角楼、地坛等老北京东城特有的人文建筑为主。

公园中设计了“四合院”，有花架、雕塑以及游憩空间。雕塑《对弈》高2米，铸铜材质，表现旧时北京老人与儿童“对弈”的情景，充满生活情趣。雕塑《时空对话》高1.8米，铸铜材质，反映现代女青年与清末老文人超越时空的精神交流，现代与传统碰撞（图8-42）。公园内还有多个不锈钢“露珠”散落在北部绿地中。

图8-42　雕塑《对弈》　雕塑《时空对话》

雕塑《五四运动——翻开历史新的一页》建在五四大街路口，高5米，主体材质为铅锌锰合金，造型如一面旗帜，又似新篇章打开的一角，简介五四运动的社会、文化背景和主要历史人物，铸铜火焰寓意春笋破土而出（图8–37）。总之，皇城根遗址公园的雕塑集中地表现出北京深厚的文化底蕴，提纲挈领地串联起皇城根的历史渊源，整体风格张弛有度、疏密有致。

三、案例2——美国9·11国家纪念广场

广场位于“9·11事件”世贸中心“双子大厦”遗址，于2011建成，被命名为“倒影空虚”，为冥想与沉思提供了一片场地，既让人铭记“9·11事件”的痛苦，又对未来充满希望。广场设计兼备纪念地与生活广场的双重功能，成为城市中一个富有活力的区域。

1. 总体布局

9·11国家纪念广场主要由纪念池、纪念广场及纪念馆组成，整体布局较规整，较好地融入城市肌理。纪念广场分为地面和地下两部分，地面以场地为主，较开阔，双子大厦留下的两个深坑被设计成两个方形纪念池，成为广场的核心景观，象征双子大厦留下的倒影，与周边的森林广场组成了瀑布倾泻、绿树成荫的神圣之地，纪念性氛围浓厚，人们俯视纪念池，致意过去。广场地下部分从纪念馆进入，以倾泻的瀑布为核心，道路向四周展开。游客穿越一条清晰的界线，向下行进缅怀遇难者，仰望上空思考未来。随后上升穿过树林回归城市日常生活。[①]

2. 景观要素分析

（1）地形与铺地。

广场用地平坦，两水池瀑布下沉，庄严肃穆，突出广场的空间感和垂直层次。铺地形式简约，材料用花岗岩和砖，东西向线性条纹，局部嵌草，统一中有变化。在保持吸水性的同时与旁边景色以及景点配合协调（图8–43）。

（2）景观建筑。

纪念馆为游人提供了日常生活与纪念性之间的和谐体验，并成为回忆与重生梦想之地。纪念馆借鉴原塔楼建筑，用高反光率的外表皮反映四季的变迁、倾斜、透明，吸引游人进入建筑，看到从被摧毁的塔楼中整理出的两根构造柱，阶梯往下的过程中，产生身体和心理的过渡。纪念馆与广场上水池、树林和谐并存，并成为联系两个世界的桥梁：地上与地下、光明与黑暗、集体与个人。[②]

---

① ［美］迈克尔·阿拉德，钱辰元.倒映缺席之哀思 纽约911国家纪念广场［J］.时代建筑，2012（01）：140–145.

② Adamson Associates.美国“9·11”国家纪念博物馆［J］.世界建筑导报，2015，30（02）：50–55.

（3）水景。

纪念池四周被瀑布环绕，瀑布最终汇入中央正方形的看似无底的深渊，象征那永远弥补不了的损失。环绕在纪念池边沿的青铜铭板上，镂空镌刻着“9 · 11事件”中罹难者的名字。四起的水声遮蔽闹市区的喧嚣，瀑布能过滤外部强烈的光线，使纪念馆更显庄严肃穆。水景设计成水循环系统，遵循可持续发展原则，还借助了光媒介，夜晚，纪念池四周的大瀑布被黄色的装饰灯点亮，池水仿佛开始燃烧，这似乎暗示着“9 · 11事件”发生时的熊熊大火；远处的两束激光，射向夜空宛若双塔重生，慰藉遇难者的在天之灵①（图8-44）。

图8-43　美国9 · 11纪念广场的硬质砖砌铺装

图8-44　水池壁用深色大理石砌筑，庄严肃穆，光感提升，高效节能的跌水槽形成美丽的瀑布

（4）植物。

纪念广场主要选用单一树种美国国树——橡树布置树阵，树冠之间构成数列的拱形空间，树下地被种植常春藤，为人们提供良好的林下静谧场所，场地中还嵌入草地，以绿色植物表现生命，柔化空间，形成秩序（图8-45）。

① 刘家慧.时间沙漏——浅析9 · 11国家纪念广场的公共艺术精神［J］.公共艺术，2017（05）：44-47.

图8-45　广场一角——植被